GENETIK
IN 30 SEKUNDEN

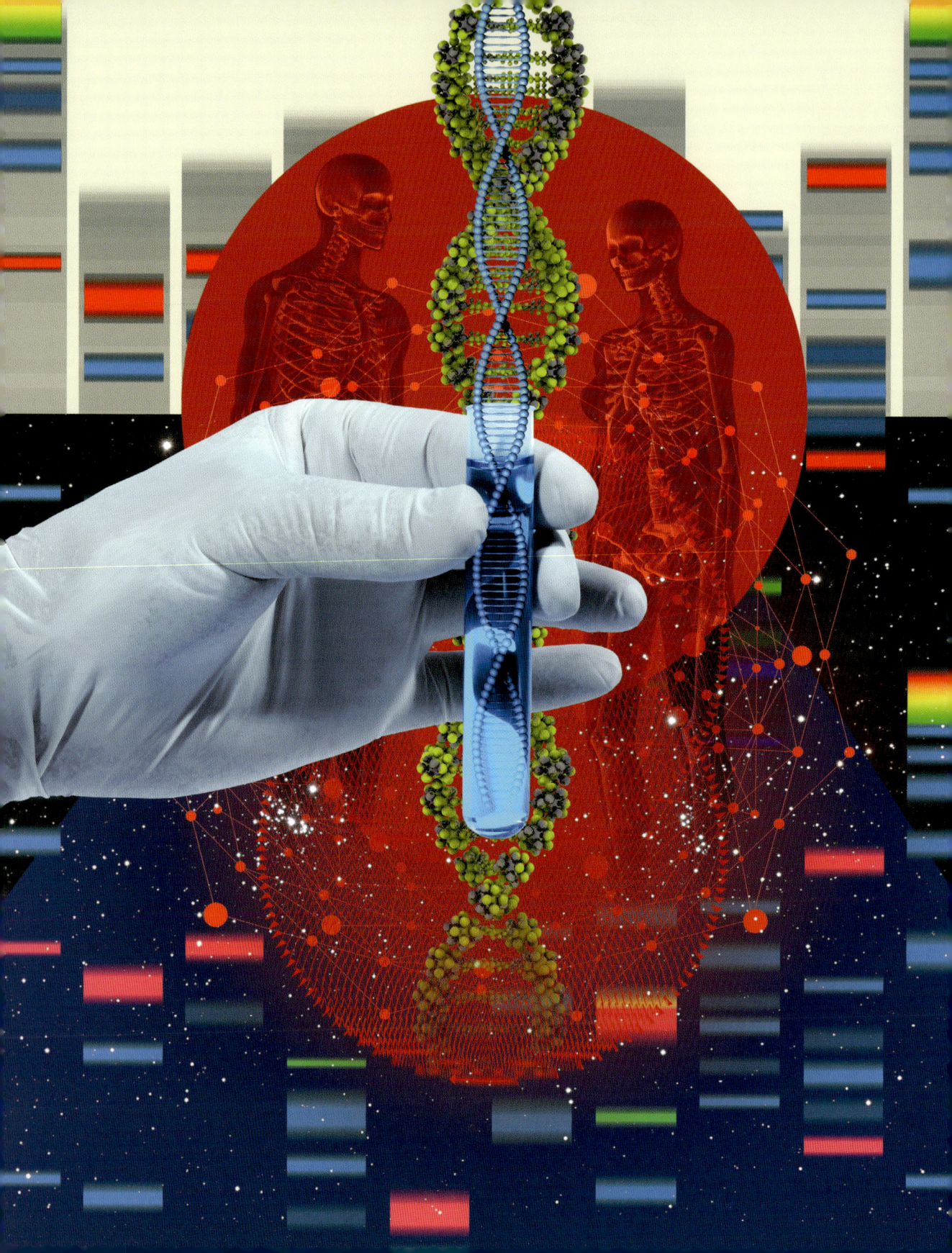

GENETIK
IN 30 SEKUNDEN
50 Meilensteine der Genetik

Herausgegeben von
**Jonathan Weitzman und
Matthew Weitzman**

Vorwort
Rodney Rothstein

Mit Beiträgen von
**Thomas Bourgeron
Robert J. Brooker
Virginie Courtier-Orgogozo
Alain Fischer
Edith Heard
Mark F. Sanders
Reiner A. Veitia
Jonathan B. Weitzman
Matthew D. Weitzman**

Illustrationen
Steve Rawlings

Librero

Titel der Originalausgabe »30-Second Genetics«

© 2023 Librero IBP (für die deutsche Ausgabe)
www.librero-ibp.com

© 2017 Ivy Press Limited

Verleger **Susan Kelly**

Künstlerische Leitung **Michael Whitehead**

Herausgeber **Tom Kitch**

Chefredakteur **Kate Shanahan**

Gesamtleitung **Jamie Pumfrey, Fleur Jones**

Gestaltung **Ginny Zeal**

Aus dem Englischen von **Andreas Jaedicke**
Lektorat und Satz: **G & R Vilnius, Litauen**

Gedruckt und gebunden in China

ISBN 978-90-8998-881-2

INHALT

VORWORT
Rodney Rothstein

Gene sind Bausteine, die sich in unzähligen Kombinationen zu allen Lebensformen auf unserem Planeten zusammenfügen lassen. Die Genetik als Wissenschaft und ihre praktische Anwendung sind nicht nur in unserem Alltag – so bei der Neubildung von Körperzellen oder der Produktion von Spermien und Eizellen – allgegenwärtig, sondern sorgen auch für Diskussionsstoff in Form komplexer gesellschaftlicher Themen wie der Erzeugung genetisch veränderter Organismen oder der Gentherapie. Immer mehr Ärzte benutzen die genetischen Informationen ihrer Patienten bei der Diagnosestellung und Behandlung.

Oft wird das Wort »Genetik« mit Horrorbildern aus *Frankenstein* oder *Jurassic Park* verbunden. Um diesen Ängsten entgegenzuwirken, müssen wir Genetiker unsere Wissenschaft und unsere neuesten Entdeckungen der Allgemeinheit auf verständliche Weise nahebringen. Eine bessere Kenntnis der Prinzipien, die der Genetik zugrunde liegen, trägt sicher zu ihrer Entmystifizierung und einer sachlicheren öffentlichen Diskussion der mit unserer Wissenschaft verbundenen ethischen Fragen bei. Meine Kollegen Matthew und Jonathan Weitzman – natürliche genetische Klone – präsentieren zusammen mit den anderen Autoren in fünfzig 30-Sekunden-Häppchen die wesentlichen Bestandteile der Welt der Genetik. Der Leser erhält Einblick in die Entwicklung unseres Forschungsbereichs: von Gregor Mendels Erbstudien über die Entdeckung der DNA als genetisches Grundmaterial bis hin zur Gegenwart der Genomsequenzierungen. Und schließlich werfen wir auch einen Blick in die Zukunft der genetischen Diagnostik und der Gentherapie.

Schließlich soll niemand mehr vor der Genetik Angst haben müssen. Je mehr wir über die Beziehungen zwischen den einzelnen Genen und ihre Wechselwirkungen mit der Umwelt erfahren, desto hoffnungsvoller können wir in eine Zukunft mit einer höheren Lebensqualität für alle blicken. Die Entwicklung gesünderer Lebensmittel, die leichtere Herstellung von Medikamenten und anderer chemischer Verbindungen dank der synthetischen Biologie sowie die erfolgreichere Behandlung von Patienten dank der Präzisionsmedizin werden unser Leben positiv beeinflussen.

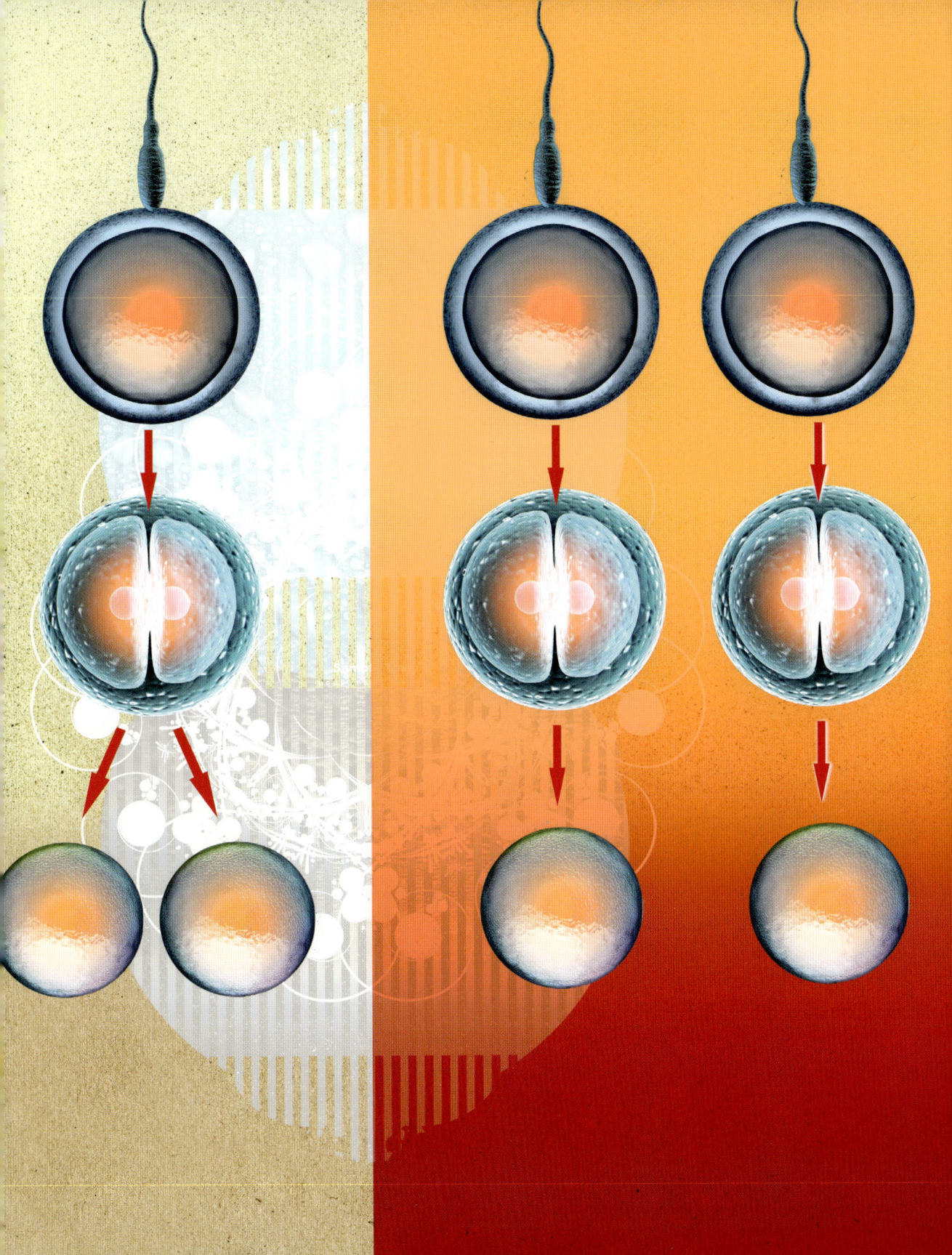

EINFÜHRUNG
Jonathan & Matthew Weitzman

Nur wenige Wissenschaften haben uns Menschen je so fasziniert wie die Genetik. Vielleicht liegt das daran, dass wir uns von ihr Antworten auf die grundlegenden Fragen erhoffen: Wer sind wir und was macht uns zu Individuen? Warum gleichen wir unseren Eltern? Was unterscheidet uns von unseren Brüdern und Nachbarn? Und was geben wir an die nächste Generation weiter? Diese Fragen sind so alt wie die Menschheit, doch vor einem Jahrhundert wurde eine Wissenschaft geboren, die uns seitdem unerwartete Einsichten verschaffte, beispiellose Fortschritte machte und uns die Art und Weise, wie wir über Vererbung denken, infrage stellen ließ.

Das 20. Jahrhundert glich einer wilden Achterbahnfahrt, denn hinter jeder Kurve erwarteten uns neue biomedizinische Verheißungen und ethische Herausforderungen. Nach langen akribischen Beobachtungen sah sich Gregor Mendel in den 1860er-Jahren imstande, einige Grundregeln für die Vererbung von Charakteristika (oder Merkmalen) zu formulieren. Die Wiederentdeckung seines Werks um die Wende zum 20. Jahrhundert schuf die Voraussetzung für die Erforschung dessen, was von einer Generation auf die nächste übertragen wird und wie die Festlegung von Merkmalen erfolgt. Noch aber fehlte ein Name für diese neue Wissenschaft. Es war der britische Biologe William Bateson, der den Begriff »Genetik« (abgeleitet vom altgriechischen Wort für »gebären«) für die neue Wissenschaft der Vererbungslehre 1905 erstmals in einem persönlichen Brief und ein Jahr später in London auf der dritten internationalen Konferenz für Pflanzenhybridisierungen zum ersten Mal öffentlich verwendete. Schon bald wurden auch die Begriffe »Gen« und »Genom«, »Genotyp« und »Phänotyp« geboren. Starke Persönlichkeiten tummelten sich auf dem neuen Forschungsfeld, alle erpicht darauf, die Geheimnisse der Vererbung aufzudecken. Immer wieder erlebten sie strahlende Glücksmomente, so nach dem einem Geniestreich gleichkommenden Knacken des genetischen Codes oder der Entdeckung der Doppelhelix – der so wundervoll einfachen Struktur des DNA-Moleküls, die zum Sinnbild wurde. Das 20. Jahrhundert endete mit einer der aufregendsten Herausforderungen der modernen Biologie: einem Wettlauf, vergleichbar mit demjenigen zum Mond. Nie zuvor hatten so viele Genetiker aus der ganzen Welt so voller Eifer gemeinsam an einem Projekt gearbeitet. Das internationale Humangenomprojekt sollte die drei Milliarden Zeichen entschlüsseln, aus denen das menschliche Genom besteht – das Buch des Lebens!

Es gibt keinen Bereich in der Biologie, den die moderne Genetik nicht stark beeinflusst hätte. Der rasante Fortschritt der genetischen Forschung wäre jedoch nicht möglich gewesen ohne den noch atemberaubenderen der Technologien, mithilfe derer die gestellten Aufgaben erst bewältigt werden konnten. Die Erkenntnis der identischen Funktionsweise der DNA und der Gene in Tier- und Pflanzenwelt öffnete experimentellen Modellsystemen Tür und Tor. Entdeckungen bei einzelligen Bakterien, der gewöhnlichen Bäckerhefe oder der einfachen Fruchtfliege gaben Aufschluss über die grundlegenden Regeln der Genetik. Und so ließ sich die Funktion einzelner DNA-Stücke durch Genübertragung von einem Organismus auf den anderen wirklich testen. Die Forscher lernten, wie sich DNA-Moleküle sequenzieren, kopieren, synthetisieren und verändern lassen, wofür sie oft die Maschinen (oder Enzyme) nutzten, für deren Vollendung die Natur selbst Jahrtausende benötigt hatte. Der außergewöhnliche Fortschritt führte zu Durchbrüchen beim Verständnis menschlicher Krankheiten und der Verheißung einer neuen Art von genetischer Medizin. Aber die Versprechungen brachten auch Ängste mit sich und inspirierten makabre Erfindungen und Fantasien.

Und der Fortschritt geht in atemberaubendem Tempo weiter. Inzwischen wurden Tausende menschlicher Genome sequenziert, endlich können wir mithilfe der Gentherapie Fehler korrigieren und damit Leben retten, wobei die Genchirurgie (Gene Editing) eine beispiellose Präzision erreicht hat. Die Genetik hat sich von einer esoterischen Wissenschaft mit abstrakten Konzepten weiterentwickelt und eine Reihe von Technologien hervorgebracht, die unseren Alltag prägen werden. Mit diesem Buch wollen wir die Leser unseres Buches an diesem wunderbaren Abenteuer teilhaben lassen und eine Wissenschaft entmystifizieren, die sich nicht selten hinter ihrer Fachsprache versteckt. Die Begriffe »Gen« und »DNA« haben sich zwar in unser Vokabular eingeschlichen, doch ihre Bedeutung ist oft unklar. Wenn wir wissen wollen, wer wird sind, sollten wir herausfinden, was die Genetik uns verraten kann und was nicht. Die Moleküle und die Enzym-Maschinen, die unsere Genome kopieren, interpretieren und schützen, sind alle mikroskopisch klein, aber ihr Einfluss auf die Gesellschaft ist riesig. Mit *Genetik in 30 Sekunden* wollen wir den Leser mit den nötigen Kenntnissen ausstatten, um an der Debatte teilnehmen zu können, wie die Genetik und genetische Informationen von der Gesellschaft und den kommenden Generationen genutzt werden sollen.

Über dieses Buch

In *Genetik in 30 Sekunden* bringen uns Experten aus aller Welt die Fachsprache der modernen Genetik nahe, vom Gen bis zum Genom und von der Entschlüsselung des genetischen Codes bis zur Sequenzierung des Humangenoms. Hier entmystifizieren Fachleute die Begriffe und Konzepte und lassen den Leser erkennen, was er oder sie bereits über die Genetik weiß und was es noch zu entdecken gibt. Jedes Thema wird klar und prägnant auf einer einzigen Seite vorgestellt. Dabei wird der ausführliche Text in **Genetik in 30 Sekunden** begleitet von einem **3-Sekunden-Konzentrat**, das einen blitzschnellen Überblick gibt und die wichtigsten Fakten in nur einem Satz zusammenfasst, und einem **3-Minuten-Gedanken**, der das jeweilige Thema anhand zusätzlicher fesselnder Details weiter ausführt. Auch enthält jedes Kapitel die Biografie eines der Pioniere unter den Männern und Frauen, die zum heutigen Kenntnisstand beigetragen haben. *30 Sekunden Genetik* beginnt mit einer Darstellung der historischen und begrifflichen Grundlagen dieser neuen Wissenschaft, um sich dann den Details zu widmen – von der Rolle der Chromosomen und Zellen bis hin zur Ebene der Gene und Genome. Es folgt eine Darstellung des aufstrebenden Gebiets der Epigenetik, die sich mit genetischen Effekten beschäftigt, die nicht in der DNA-Sequenz eines Organismus codiert sind. Das Kapitel »Gesundheit und Krankheit« stellt die molekularen Vorgänge in den Kontext der Physiologie und der Körperprozesse, die mit Krankheiten verbunden sind. Keine Diskussion der Genetik wäre komplett ohne eine Beschreibung des technologischen und experimentellen Fortschritts. Das Buch endet mit Prognosen dazu, welchen Einfluss Gentechnologien in nicht allzu ferner Zukunft auf unser Leben und die Medizin ausüben könnten.

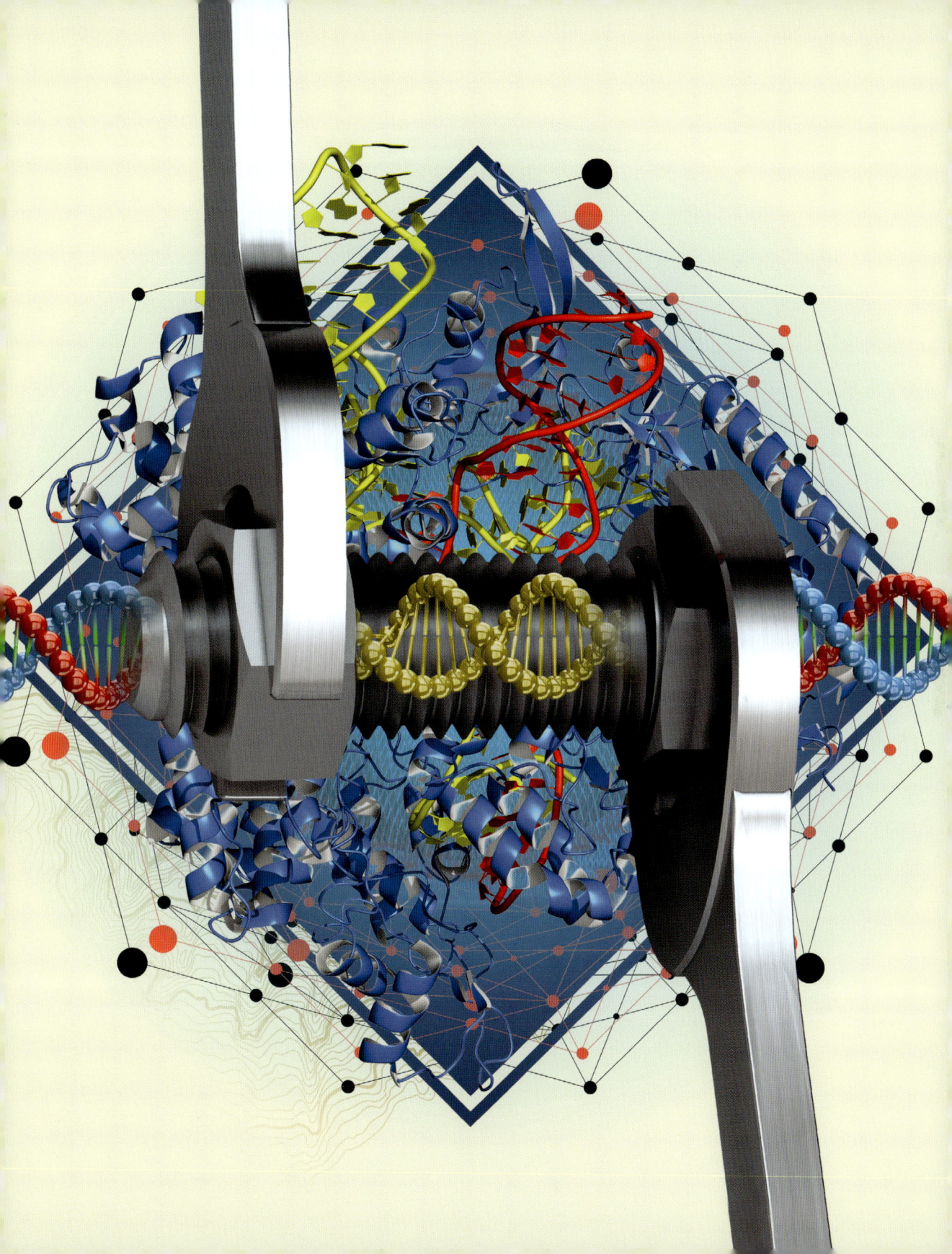

GESCHICHTE & BEGRIFFLICHKEITEN

Allele Alternative Varianten eines Gens, die aus einer veränderten DNA-Sequenz oder Expression resultieren. Allele können rezessiv sein, das heißt nur wirken, wenn sie in zwei Kopien vorliegen, oder aber dominant, sodass schon eine einzelne Kopie eine Wirkung erzielt.

Aminosäuren Wasserlösliche organische Verbindungen – die Bausteine der Proteine. Es gibt etwa 20 verschiedene Aminosäuren. Zehn davon kann der Körper selbst nicht herstellen, sodass sie mit der Nahrung aufgenommen werden müssen – die essenziellen Aminosäuren.

Art Gruppe von Organismen, deren Mitglieder sich miteinander paaren und fertile Nachkommen zeugen können. Die Kategorie »Art« ist die achte im wissenschaftlichen Klassifikationssystem und folgt auf »Gattung«.

Chromosomen Lange Ketten doppelsträngiger DNA, auf denen sich die Gene und weitere genetische Informationen befinden. In eukaryotischen Zellen (mit Zellkern) sind die Chromosomen im Zellkern verpackt und setzen sich aus DNA, ein wenig RNA und Proteinen zusammen. Eine prokaryotische Zelle (ohne Zellkern) besitzt ein einziges Chromosom aus DNA und einem sehr geringen Anteil von Proteinen.

Codon Die genetische Information wird in DNA-Tripletts verschlüsselt, die wiederum für messenger RNA (mRNA, Boten-RNA) Tripletts codieren. Eine Kette aus drei mRNA-Nukleotiden nennt man Codon, und die meisten Codons codieren für eine jeweils andere Aminosäure.

DNA Desoxyribonukleinsäure – ein langes Molekül, das die genetische Information enthält und Erbmerkmale überträgt. Der weitaus größte Teil der prokaryotischen und eukaryotischen Zellen enthält DNA.

Doppelhelix Die doppelsträngige Struktur der DNA. Die beiden DNA-Stränge sind wie ein verdrilltes Kabel aufgewickelt.

Gameten Spezialisierte Zellen für die geschlechtliche Fortpflanzung. Männliche Gameten sind Spermien, weibliche Gameten Eizellen.

Gene Auf Chromosomen befindliche Vererbungseinheiten. Gene bestehen fast immer aus DNA und nur bei ein paar Viren aus RNA. Bestimmte Gene steuern spezielle zelluläre Prozesse, zum Beispiel können Gene die Zellteilung oder die Apoptose (den zellulären Selbstmord) regulieren.

Genom Kompletter Satz des genetischen Materials eines Organismus oder einer Zelle. Die Genomik, das Studium des Genoms eines Organismus, befasst sich mit dessen Evolution, Funktion und Struktur.

Locus (Plural Loci) Position eines Gens auf einem Chromosom. Die verschiedenen Allele eines Gens haben denselben Locus.

Mutation Veränderung der DNA-Sequenz oder Genstruktur, hervorgerufen durch eine oder mehrere Basensubstitutionen oder durch Translokation, Deletion oder Insertion von Gen- oder Chromosomabschnitten.

Nukleotide Bausteine der DNA oder RNA. Die Nukleotidstränge nennt man Nukleinsäuren. In der DNA kommen die vier Nukleotide T, C, G und A vor, in der RNA die vier Ribonukleotide U, C, G und A. Nukleotide werden auch Basen genannt. DNA-Basen können gepaart werden, A mit T und C mit G.

Polymer Langes Molekül aus einfacheren Bausteinen (Monomeren). Die DNA ist ein Polymer aus einer Kette von Nukleotiden, Proteine sind Polymere aus Aminosäure-Ketten. Proteine werden manchmal auch als Polypeptidketten bezeichnet.

Replikation Prozess, bei dem die DNA exakt kopiert wird, meist um die DNA vor der Zellteilung zu verdoppeln. Die Replikation erfolgt durch eine »Enzym-Maschine« namens DNA-Polymerase. Diese kopiert beide DNA-Stränge und stellt eine genaue komplementäre Kopie des DNA-Moleküls her.

RNA Die Ribonukleinsäure ist ein Molekül, das in allen lebenden Zellen hergestellt wird und für die Proteinsynthese und die Genregulation entscheidend ist. Normalerweise entsteht RNA durch das Ablesen eines DNA-Stranges. Die Boten-RNA (mRNA, messenger-RNA) ist ein Äquivalent der DNA und trägt die Information zur Herstellung eines Proteins. In einigen Viren fungiert RNA anstelle von DNA als Träger der genetischen Information.

Transkription Prozess, bei dem genetische Informationen von DNA auf RNA übertragen werden. Daran beteiligt ist das Enzym RNA-Polymerase: Es erzeugt ein RNA-Polymer und verwendet dafür die DNA als Matrize.

Translation Prozess, bei dem unter Zuhilfenahme genetischer Information in Form von mRNA Proteine hergestellt werden. Das Ribosom, eine riesige »Protein-Maschine«, bewegt sich die mRNA entlang, liest die RNA-Codons und verbindet die passenden Aminosäuren zu einer Polypeptidkette.

DIE MENDELSCHEN VERERBUNGS-REGELN

30 Sekunden Genetik

Gregor Mendel entdeckte die

Vererbungsregeln beim Experimentieren mit Erbsenpflanzen. Er züchtete verschiedene Linien und isolierte sie über viele Generationen hinweg voneinander, sodass sie verschiedene sichtbare Eigenschaften ausbildeten. Dann kreuzte er die Linien miteinander, zum Beispiel Pflanzen mit violetten und mit weißen Blüten. In der ersten Generation erhielt er nur Pflanzen mit violetten Blüten. Als er aber Pflanzen dieser ersten Generation miteinander kreuzte, beobachtete er bei einem Viertel der Pflanzen der zweiten Generation weiße Blüten und bei drei Vierteln violette Blüten. Er kam zu dem Schluss, dies müsse eine Folge der Übertragung von Faktorenpaaren sein, sodass die sichtbaren Merkmale nach den Gesetzen der Wahrscheinlichkeit auftreten. Das Merkmal violette Blüten, das in der ersten Generation vorherrscht, bezeichnet man als dominant (P), das Merkmal weiße Blüten dagegen als rezessiv (p). Beim Menschen ist zum Beispiel die blaue Augenfarbe rezessiv, die braune dominant. In der modernen Genetik heißen Mendels Faktoren Allele – Variationen einer DNA-Sequenz, die ein bestimmtes Merkmal codiert. Letztlich kann man deshalb von dominanten oder rezessiven Allelen sprechen. Allele sind alternative Sequenzen eines Locus (lateinisch für »Ort«), eines Chromosomenabschnitts, den man in vielen Fällen mit einem Gen gleichsetzen kann. In einer Population können mehr als zwei alternative Allele eines Locus vorkommen.

3-SEKUNDEN-KONZENTRAT
Im Laufe der zufälligen Begegnung einer Ei- mit einer Samenzelle, die jeweils ein Allel eines jeden Gens tragen, werden die Allele unabhängig voneinander auf die Folgegeneration verteilt. So lautet die erste Mendelsche Regel.

3-MINUTEN-GEDANKE
Betrachtet man dagegen die Aufteilung von Allelen verschiedener Gene, werden die Dinge komplizierter. Befinden sich die betreffenden Gene auf verschiedenen Chromosomen oder aber auf demselben Chromosom in größerer Entfernung, führt dies zu komplexeren Verteilungsmustern als ein Viertel gegen drei Viertel. So lautet Mendels zweite Regel. Beide Regeln blieben lange unbemerkt und wurden erst am Ende des 19. Jahrhunderts wiederentdeckt.

VERWANDTE THEMEN
CHROMOSOMEN
& KARYOTYPEN
Seite 38

DIE DNA ALS TRÄGER DER GENETISCHEN INFORMATION
Seite 20

GREGOR MENDEL
1822–1884
Mährisch-schlesischer Mönch, der die genetischen Vererbungsregeln entdeckte

HUGO DE VRIES
1848–1935
Niederländischer Botaniker, der in den 1890er Jahren Mendels Vererbungsregeln neu entdeckte

30-SEKUNDEN-TEXT
Reiner Veitia

Zwei rezessive Allele (pp) führen zur Ausbildung eines rezessiven Merkmals, zwei dominante (PP) oder ein dominantes und ein rezessives (Pp oder pP) dagegen zur Ausbildung eines dominanten Merkmals.

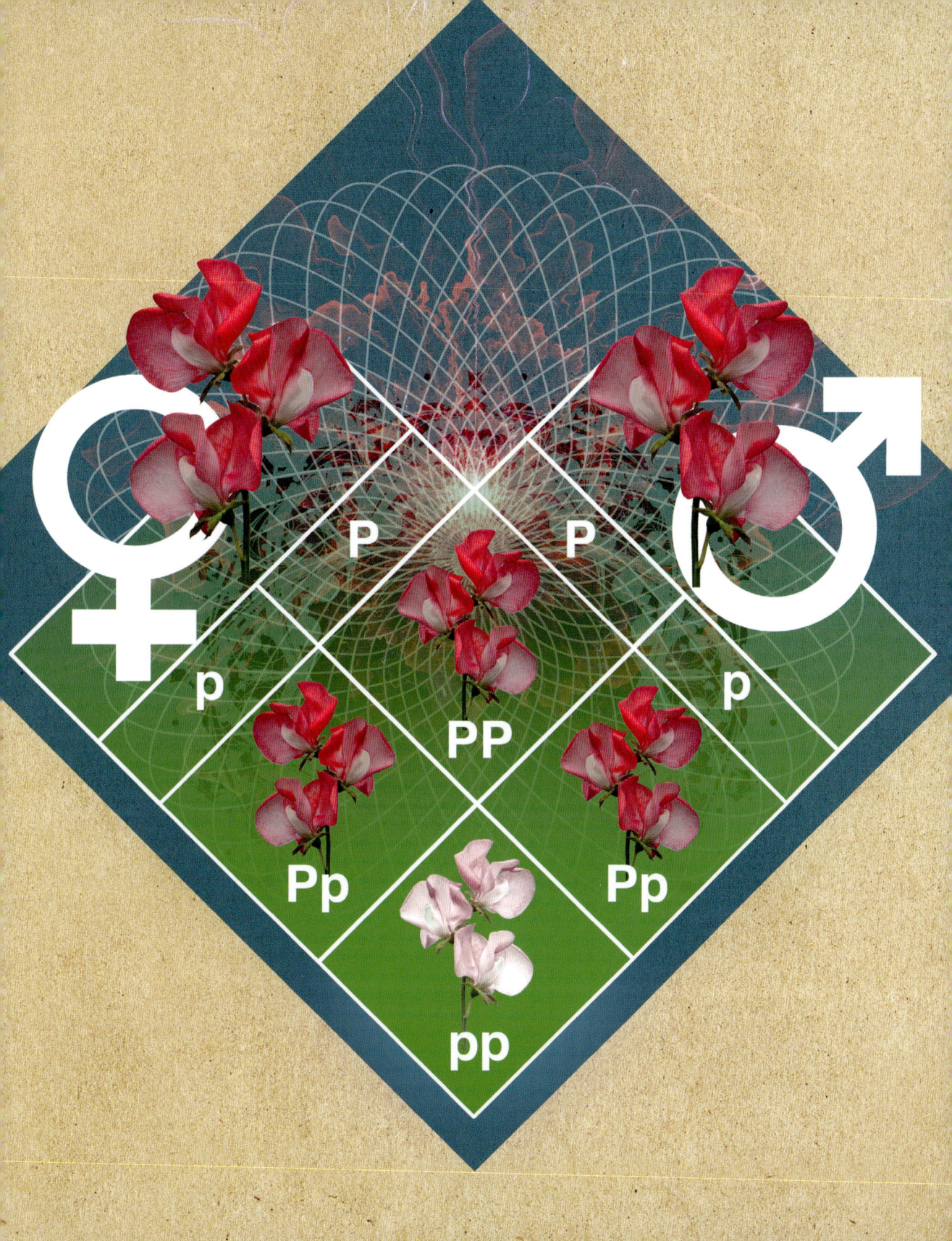

DARWIN &
DIE ENTSTEHUNG
DER ARTEN

30 Sekunden Genetik

Woher kommen wir? Warum

haben wir Extremitäten, warum Augen? Diese und
ähnliche Fragen gehörten nicht in den Bereich der
Wissenschaft, bis Charles Darwin 1859 sein Haupt-
werk *Über die Entstehung der Arten* veröffentlichte.
Darwins Sicht der Entstehung und Entwicklung des
Lebens auf unserem Planeten wird heute Evolutions-
theorie genannt. Auf den Punkt gebracht besagt sie,
dass einige der besonderen Merkmale von Individuen
einer Population auf die nächste Generation übertragen werden können. Dabei sind die am besten an ihre
Umgebung angepassten Individuen diejenigen, deren
Überleben und Reproduktion am wahrscheinlichsten
ist, sodass sie ihre vererbbaren Merkmale an künftige
Generationen weitergeben können. So verändern sich
Populationen im Laufe der Zeit und passen sich ihrer
Umgebung immer weiter an, sodass neue Arten ent-
stehen. Darwin stand mit seinen Ansichten im Wider-
spruch zu der Anschauung, dass der Mensch sich von
den Tieren unterscheide, oder zu der Überzeugung,
dass die Arten sich mit der Zeit nicht verändern. Sein
Buch löste eine Lawine philosophischer und religiöser
Debatten aus, von denen einige bis heute andauern.
Doch die Entdeckung der Gene, der Genetik und der
DNA in der Periode 1920er- bis 1960er-Jahre stützte
Darwins Theorie. Dies führte schließlich zur modernen Evolutionstheorie, die für unser Verständnis der
lebendigen Welt von zentraler Bedeutung ist.

3-SEKUNDEN-KONZENTRAT
Darwins Buch ist ein Meis-
terwerk der Beobachtung
und des kreativen Denkens
und veränderte die Sichtwei-
se des Menschen von seiner
Herkunft von Grund auf.

3-MINUTEN-GEDANKE
Wie alle anderen wissen-
schaftlichen Erklärungen
wird auch die Evolutions-
theorie infolge der Ent-
deckung neuer Fakten stän-
dig kritisch hinterfragt und
verfeinert. Obwohl Darwins
Theorie im Kern bis heute
gilt, wurden bestimmte Teile
mittlerweile widerlegt: Zum
Beispiel gleicht die Diver-
sifizierung der Arten einem
Maschenwerk und nicht, wie
von Darwin vorgeschlagen,
einem verzweigten Baum.
Andere, so der Ursprung des
Lebens, bleiben voller Rätsel.

VERWANDTES THEMA
GENE & UMGEBUNG
Seite 78

3-SEKUNDEN-BIOGRAFIEN
ALFRED RUSSEL WALLACE
1823–1913
Britischer Naturforscher,
der zeitgleich mit Darwin die
Evolutionstheorie entwickelte

THEODOSIUS DOBZHANSKY
1900–1975
Russisch-amerikanischer
Genetiker, von dem das
berühmte Zitat »Nichts in der
Biologie macht Sinn, außer im
Lichte der Evolution« stammt

JERRY COYNE
geb. 1949
US-amerikanischer Biologe
und aktiver Fürsprecher der
Evolutionstheorie

30-SEKUNDEN-TEXT
Virginie Courtier-Orgogozo

*Darwins Theorie von
der Evolution durch
natürliche Selektion
gehört zu den revolu-
tionärsten Ideen in der
Geschichte der Wissen-
schaften.*

COLUMBA LIVIA OR ROCK-PIGEON.

GROUP III.

GROUP IV.

II.

4.   5.   6.   7.   8.   9.   SUB-   10.   11.
                                                GROUPS.

Persian
Tumbler

Lotan
Tumbler

Common
Tumbler

Java
Fantail

Dove-cot pigeon.
Swallow.
Spot.
Nun.

Turbit

Barb.   Fantail.   Indian   Jacobin
                                 Frill-
                                 back.

DIE DNA ALS TRÄGER DER GENETISCHEN INFORMATION

30 Sekunden Genetik

Die Entdeckung der Desoxyribo-

nukleinsäure (DNA) kann auf die Arbeiten von Friedrich Miescher zurückgeführt werden, der in den späten 1880er Jahren aus den Kernen weißer Blutzellen eine Substanz isolierte, die er »Nuklein« nannte. Diese Substanz besteht, wie man heute weiß, aus Proteinen und etwas, was man heute als DNA bezeichnet. Längere Zeit wurde dafür der von Richard Altmann geprägte allgemeine Begriff »Nukleinsäure« verwendet. Später zeigte Frederick Griffith, dass eine aus krankheitserregenden (pathogenen) Bakterien gewonnene Substanz nichtpathogene Bakterien in virulente Formen transformieren kann. Griffiths Experiment wurde von Oswald Avery, Colin MacLeod und Maclyn McCarty aufgenommen. In einer Probe der bakteriellen Erreger der Lungenentzündung (Pneumokokken) zerstörten sie alle Bestandteile bis auf die DNA, und nach dieser radikalen Behandlung konnte die DNA noch immer nichtpathogene Bakterien in pathogene umwandeln. Nur die Zerstörung der DNA konnte diese Transformation verhindern. Somit musste die DNA der Träger der genetischen Information sein. In der Zwischenzeit war es Phoebus Levene gelungen, die Bausteine der DNA zu identifizieren: die Basen Adenin, Cytosin, Guanin, Thymin, ein Zuckermolekül und eine Phosphatgruppe. Diese Entdeckungen ebneten den Weg für die Entschlüsselung der DNA-Struktur in den frühen 1950er-Jahren durch Rosalind Franklin, Maurice Wilkins, James Watson und Francis Crick.

3-SEKUNDEN-KONZENTRAT
In den 1940er-Jahren wurde der experimentelle Nachweis erbracht, dass in den meisten bekannten Organismen das DNA-Molekül Träger der genetischen Information ist.

3-MINUTEN-GEDANKE
Die Geschichte der Entdeckung der DNA und ihrer Struktur ist mit Ungerechtigkeiten nur so gespickt. So wurden die Ergebnisse von Avery, MacLeod und McCarty weitgehend verkannt und abgelehnt. Und Watson und Crick konstruierten ihr berühmtes Doppelhelixmodell mithilfe von Bildern der DNA-Struktur, die von Rosalind Franklin und Maurice Wilkins stammten. Franklin starb mit 37 Jahren, und ihr wesentlicher Beitrag zur Entdeckung der DNA-Struktur wurde bis vor kurzem heruntergespielt.

VERWANDTE THEMEN
DIE DOPPELHELIX
Seite 22

DAS KNACKEN DES GENETISCHEN CODES
Seite 24

DER ZELLKERN
Seite 36

3-SEKUNDEN-BIOGRAFIEN
JOHANNES FRIEDRICH MIESCHER
1844–1895
Schweizer Arzt und Biologe, der als Erster das Nuklein und die Nukleinsäuren identifizierte

OSWALD AVERY
1877–1955
US-amerikanischer Arzt kanadischer Herkunft, der zeigen konnte, dass die DNA der Träger der genetischen Information ist

PHOEBUS LEVENE
1863–1940
US-amerikanischer Biochemiker litauischer Herkunft, der die Bestandteile der DNA identifizierte

30-SEKUNDEN-TEXT
Reiner Veitia

Zu den Bausteinen der DNA gehören die vier Basen Adenin, Cytosin, Guanin und Thymin.

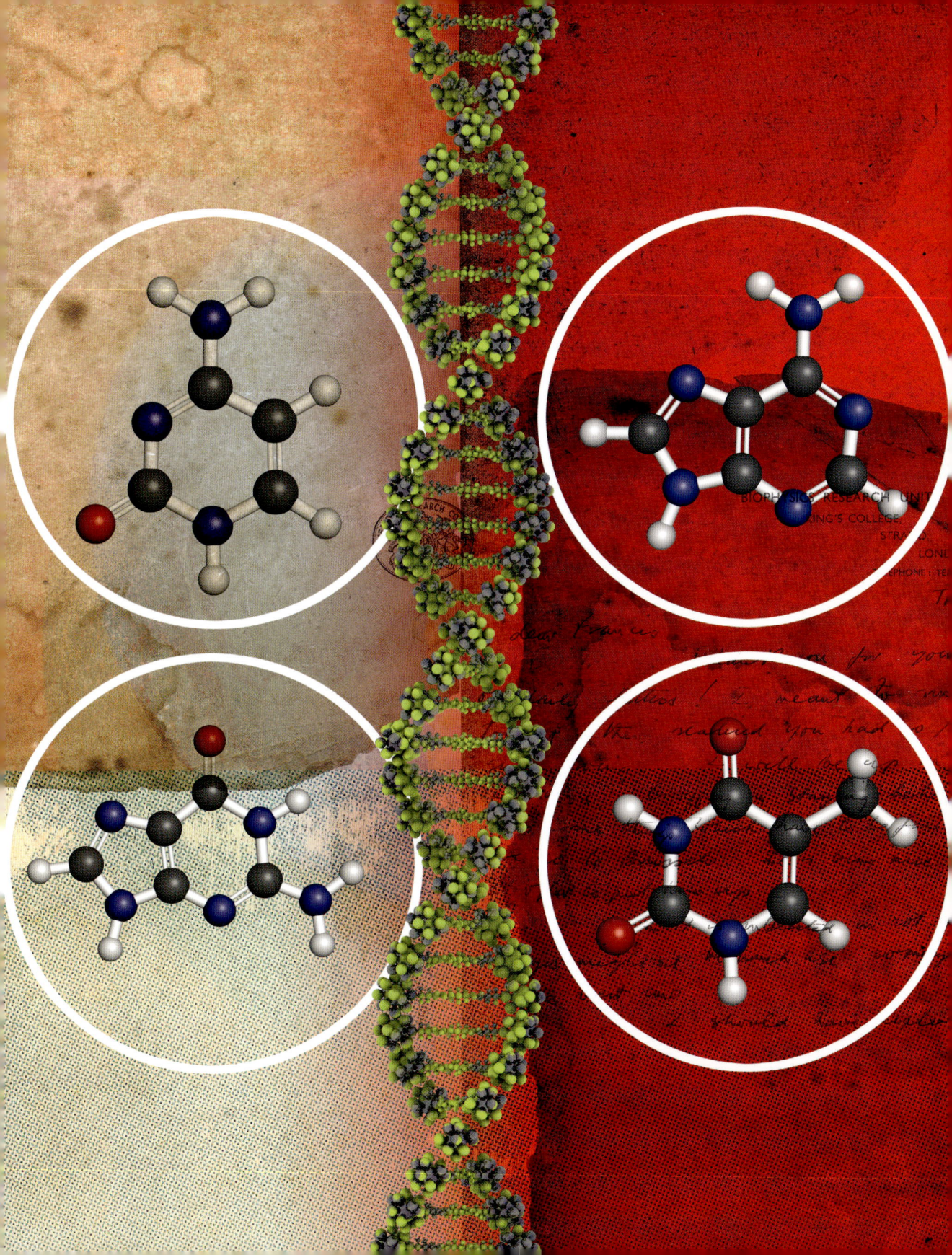

DIE DOPPELHELIX

30 Sekunden Genetik

3-SEKUNDEN-KONZENTRAT
Die Entdeckung der molekularen Struktur der DNA war
ein Schlüsselereignis in der
Geschichte der Genetik und
der Molekularbiologie.

3-MINUTEN-GEDANKE
Francis Crick und James
Watson machten die
Doppelhelixstruktur des
DNA-Moleküls 1953 in der
Fachzeitschrift *Nature*
publik. Die beiden linearen
Stränge des Moleküls ver-
laufen in entgegengesetzte
Richtungen und sind als
verdrillte Helixstruktur
miteinander verbunden. Die
Abfolge der Basen in jedem
Strang trägt den Code mit
der Anleitung für das Leben.

Die Funktion der DNA ergibt sich

aus ihrer Struktur. Die DNA-Bausteine, die Nukleotide, bestehen aus einem Desoxyribosezucker, einer
Phosphatgruppe und einer der vier Basen Adenin (A),
Thymin (T), Guanin (G) oder Cytosin (C). Die Nukleotide bilden lange Ketten, sogenannte Polymere, und
jedes Nukleotid paart sich mit einem bestimmten anderen Nukleotid auf dem entgegengesetzten Strang:
A bindet immer an T, C immer an G. In den frühen
1950er-Jahren lieferten sich die Wissenschaftler ein
Rennen, wer als Erster herausfinden würde, wie sich
diese Basenpaare in einer dreidimensionalen Struktur
anordnen. Rosalind Franklin arbeitete zusammen mit
Maurice Wilkins am Londoner King's College und
schoss Röntgenstrahlen durch Kristalle des DNA-Moleküls, um Einblicke in seine Struktur zu gewinnen.
Die mit der Röntgenbeugungsmethode erzeugten
Bilder wiesen darauf hin, dass DNA-Moleküle eine
Spiralform besitzen. James Watson und Francis Crick,
die am Cavendish Laboratory in Cambridge arbeite-
ten, bekamen dieses Bild zu Gesicht und erhielten so
den entscheidenden Hinweis auf die DNA-Struktur.
Sie entwickelten ein chemisches Modell für das
DNA-Molekül und schlugen 1953 als Erste vor, dass
die DNA-Struktur einer Doppelhelix gleicht. Im Laufe
der weiteren Untersuchungen zu deren Struktur
wurde entdeckt, wie die Basenpaarung funktioniert,
und auch, wie die genetische Information in lebenden
Zellen gespeichert und kopiert werden kann.

VERWANDTE THEMEN
DIE DNA ALS TRÄGER DER
GENETISCHEN INFORMATION
Seite 20

DAS ZENTRALE DOGMA
Seite 28

WAS IST EIN GEN?
Seite 56

3-SEKUNDEN-BIOGRAFIEN
FRANCIS CRICK
1916–2004
Britischer Biophysiker, der zu-
sammen mit James Watson die
DNA-Struktur entdeckte

ROSALIND FRANKLIN
1920–1958
Englische Chemikerin,
die die entscheidenden
Röntgenbeugungsbilder des
DNA-Moleküls anfertigte

JAMES WATSON
geb. 1928
US-amerikanischer Biologe und
Mitentdecker der DNA-Struktur

30-SEKUNDEN-TEXT
Matthew Weitzman

*1962 wurde Watson und
Crick für die Entdeckung
der DNA-Doppelhelix-
struktur der Nobelpreis
verliehen.*

DAS KNACKEN DES GENETISCHEN CODES

30 Sekunden Genetik

3-SEKUNDEN-KONZENTRAT
Die genetische Information liegt in Genen in Tripletts vor: Je drei Nukleotide codieren eine Aminosäure.

3-MINUTEN-GEDANKE
Da sich die vier Nukleotide in 64 möglichen Variationen zu einer Kombination aus drei Buchstaben zusammenfügen lassen, besteht eine inhärente Redundanz. So codieren vier Tripletts die Aminosäure Alanin (GCU, GCG, GCA oder GCG). Somit kann der dritte Buchstabe eines Tripletts variieren, ohne die Aminosäuresequenz eines Proteins zu beeinträchtigen. Man nennt dies eine »stille Mutation«. Die Wissenschaftler verwenden für diese Redundanz im genetischen Code den Begriff »Degeneriertheit«.

Die Entschlüsselung eines Geheimcodes ist meist die Arbeit von cleveren Spionen und Geheimagenten. Aber auch die Forscher, die das Rätsel lüften wollten, wie die in der DNA-Sequenz enthaltenen genetischen Informationen in die Aminosäuren-Abfolge in Proteinen umgewandelt werden, mussten sehr einfallsreich sein. Der genetische Code, der der Übersetzung der DNA-Information in die Protein-Information zugrunde liegt, ist für alle lebenden Organismen beinahe gleich. Da man in der DNA vier Nukleotide (A, G, T und C) gefunden hatte, die 20 Aminosäuren codieren, musste der Code mindestens drei Buchstaben enthalten. Daraus ergaben sich $4^3=64$ mögliche Kombinationen, aber welche entsprach welcher Aminosäure? In den 1960er-Jahren gelang Forschern mit bahnbrechenden Experimenten der Nachweis, dass jeder Aminosäure eine Dreibasenfolge zugrunde liegt. Diese wird als Triplett oder Codon bezeichnet. Der Durchbruch gelang mithilfe eines zellfreien Translationssystems und langer RNA-Ketten aus nur einem Buchstaben. Unter Verwendung eines »Poly-Uracils«, einer synthetischen RNA-Kette, die ausschließlich Uracil-Ribonukleotide enthält, konnte aufgezeigt werden, dass das Triplett UUU Phenylalanin codiert. Nach diesem Durchbruch konnte man die anderen Kombinationen in analogen Experimenten herausarbeiten. Heute kann jeder Schüler mithilfe der kompletten Tabelle von 64 Triplett-Kombinationen eine Proteinsequenz aus einer DNA-Sequenz ableiten.

VERWANDTE THEMEN
DIE DNA ALS TRÄGER DER GENETISCHEN INFORMATION
Seite 20

DAS ZENTRALE DOGMA
Seite 28

DNA-SEQUENZIERUNG
Seite 126

3-SEKUNDEN-BIOGRAFIEN
GEORGE GAMOW
1904–1968
Amerikanischer Physiker ukrainischer Herkunft, der behauptete, dass der genetische Code aus drei Nukleotiden (Buchstaben) bestehe

MARSHALL WARREN NIRENBERG
1927–2010
Amerikanischer Biochemiker, der das erste Codon knackte und damit den Grundstein für die Entschlüsselung des genetischen Codes legte

30-SEKUNDEN-TEXT
Jonathan Weitzman

Der Drei-Buchstaben-Code der DNA enthält die Information zur Herstellung von Proteinen.

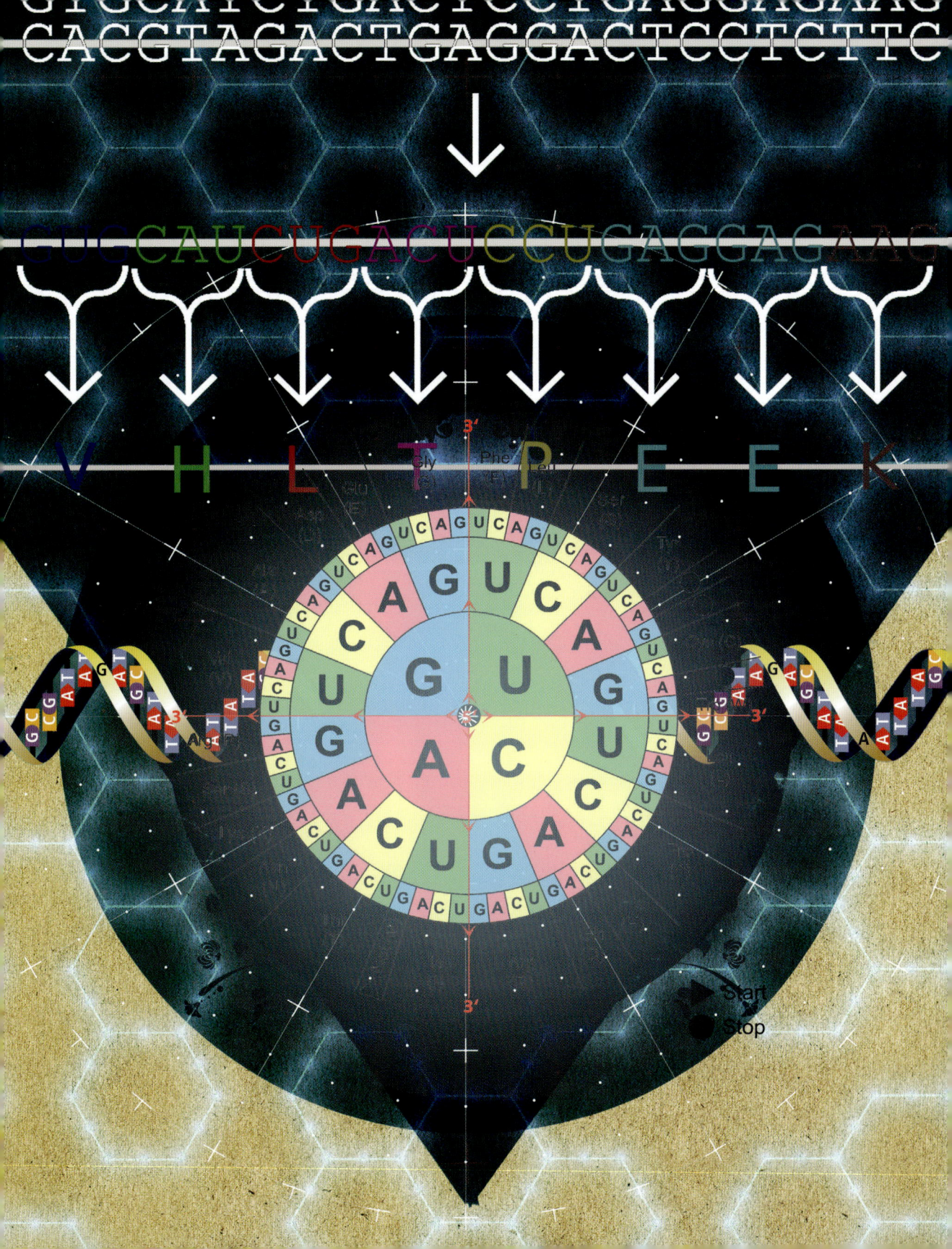

25. Juli 1920
Wird in London geboren

1938
Studiert am *Newnham College* der Universität Cambridge

1946
Promoviert an der Universität Cambridge in Physikalischer Chemie

1946–1950
Erlernt im Labor des Kristallografen Jacques Mering in Paris die Röntgenkristallografie

1951–1953
Erzeugt im Labor von John Randall am Londoner *King's College* Fotos von DNA

1952
Ihr Student Raymond Gosling erzeugt das fundamental bedeutende »Foto 51« der DNA

1953
In der April-Ausgabe von *Nature* werden drei Artikel über die DNA-Struktur veröffentlicht: einer von Franklins Team, einer von Wilkins' Team und der dritte von Watson und Crick

1954–1956
Arbeitet am Tabakmosaikvirus und Poliovirus

16. April 1958
Stirbt an Eierstockkrebs

1962
Crick, Watson und Wilkins teilen sich den Nobelpreis für Physiologie oder Medizin

2003
Die Royal Society verleiht erstmals den *Rosalind Franklin Award* für herausragende Leistungen in den Natur- und Ingenieurswissenschaften sowie der Verfahrenskunde

ROSALIND FRANKLIN

Rosalind Franklin wurde 1920

im Londoner Stadtteil Notting Hill in eine wohl-habende jüdische Familie geboren. Von klein auf an Naturwissenschaften interessiert, besuchte sie die St. Paul's Girls' School, eine der wenigen Londoner Mädchenschulen, an denen Chemie und Physik unterrichtet wurde. Mit 15 Jahren be-schloss sie, Naturwissenschaftlerin zu werden, was nicht den Wünschen ihres Vaters entsprach. 1941 schloss sie ein Studium der Chemie an der Universität Cambridge ab und 1946 promovierte sie dort in Physikalischer Chemie.

Franklin war eine Schlüsselfigur bei der viel-leicht größten Pionierleistung der Molekular-biologie: der Entdeckung der DNA-Struktur. Ihre Geschichte ist geprägt von Konkurrenz und Kontroversen. James Watson erzählt sie in sei-nem Buch *Die Doppelhelix* in einer Weise, Anne Sayre in *Rosalind Franklin and DNA* oder Brenda Maddox in *Rosalind Franklin: Die Entdeckung der DNA oder der Kampf einer Frau um wissen-schaftliche Anerkennung* in einer ganz anderen.

Im Herbst 1946 wurde Franklin an das *Labo-ratoire Central des Services Chimiques de l'Etat* in Paris berufen, wo sie von dem Kristallogra-fen Jacques Mering die Röntgenbeugung lernte. 1951 kehrte sie nach England zurück und forschte in John Randalls Labor am Londoner *King's Col-lege*, wo sie mit der zuvor genannten, auf Rönt-genstrahlung basierenden Methode Bilder von DNA-Molekülen erzeugte.

Der im selben Labor tätige Maurice Wilkins zeigte dem Molekularbiologen James Watson eine von Franklins kristallografischen Aufnahmen der DNA. Auch wenn Watson die Aufnahme ohne Franklins Wissen zu Gesicht bekommen hatte, benutzte er die daraus gewonnenen Erkennt-nisse, um zusammen mit seinem Kollegen Francis Crick die DNA-Struktur aufzuklären. Watson gab in schriftlicher Form unumwunden zu: »Natürlich hatte Rosy uns ihre Daten nicht direkt gegeben. Deshalb kam am King's College auch niemand auf den Gedanken, dass wir Kenntnis davon hatten.« Watson und Crick machten Gebrauch von Frank-lins Foto, als sie ihre Erkenntnisse in *Nature* veröffentlichten. Für viele gehört es zu den »schönsten Röntgenaufnahmen einer Substanz, die je erzeugt wurden.«

Nach ihrer Zeit am King's College widmete sich Franklin der Virologie und forschte unter anderem zum Tabakmosaikvirus und zum Poliovirus. Im Sommer 1956 erkrankte Franklin an Eierstockkrebs. Keine zwei Jahre später, im Alter von nur 37 Jahren, starb sie im Londoner Stadtteil Chelsea.

Vier Jahre nach ihrem Tod wurde James Watson, Francis Crick und Maurice Wilkins der Nobelpreis für Physiologie oder Medizin ver-liehen. Da er aber nicht posthum vergeben wird, blieb Franklin die verdiente Anerkennung ver-sagt. Die immer zahlreicheren Auszeichnungen und wissenschaftlichen Gebäude, die ihren Namen tragen, zeigen jedoch, dass Rosalind Franklin ihren Platz im Pantheon der Genetik eingenommen hat.

Robert Brooker

DAS ZENTRALE DOGMA

30 Sekunden Genetik

3-SEKUNDEN-KONZENTRAT

Das zentrale Dogma der Molekularbiologie beschreibt den Fluss der genetischen Information: Die DNA trägt die Information zur Herstellung der RNA, die ihrerseits die Information zur Proteinsynthese trägt.

3-MINUTEN-GEDANKE

Das zentrale Dogma beschreibt die Übertragung der genetischen Information von Nukleinsäuren auf Proteine. Während der Transkription wird die Information der DNA in mRNA überschrieben. Im Anschluss daran erfolgt die Translation, bei der die mRNA als Matrize für die Proteinsynthese dient. Heute weiß man, dass DNA und RNA zahlreiche Informationen beinhalten, die nicht direkt der Proteinsynthese, sondern der Genregulation dienen.

Das »zentrale Dogma« der Molekularbiologie bezieht sich auf die Übertragung der genetischen Information von DNA über RNA auf Protein. Es stammt von Francis Crick, der damit die Übertragung der Information von einem Polymermolekül mit definiertem »Alphabet« auf ein anderes erklärte. Auf diese Weise bleibt die geordnete Sequenzinformation erhalten. Bei der Replikation wird die DNA verdoppelt und die genetische Information kopiert, bei der folgenden Transkription wird Letztere von DNA auf mRNA übertragen und schließlich bei der Translation die mRNA-Sequenz als Matrize für die Proteinsynthese verwendet. Anschließend werden die neu synthetisierten Polypeptidketten verarbeitet, gefaltet und modifiziert, um funktionelle Proteine zu bilden. Das zentrale Dogma besagt, dass der Fluss der Sequenzinformation gerichtet ist und die Information nicht von einem Protein auf ein anderes oder von einem Protein zurück auf eine Nukleinsäure übertragen werden kann. Ausnahmen von dieser Regel bilden einige Viren, die RNA in RNA replizieren oder RNA in Umkehrung des normalen Vorgangs in DNA umschreiben können. Dagegen gibt es keine Hinweise für eine reversible Übertragung der Information von Proteinen auf DNA.

VERWANDTE THEMEN

DIE DNA ALS TRÄGER DER GENETISCHEN INFORMATION
Seite 20

DAS KNACKEN DES GENETISCHEN CODES
Seite 24

NICHTCODIERENDE RNA
Seite 90

3-SEKUNDEN-BIOGRAFIEN

FRANCIS CRICK
1916–2004
Britischer Biophysiker und Mitentdecker der DNA-Struktur, der den Begriff »zentrales Dogma« für den Fluss der genetischen Information von der DNA über die RNA zu den Proteinen prägte

HOWARD TEMIN
1934–1994
US-amerikanischer Virologe, der das Enzym reverse Transkriptase entdeckte, das virale RNA in provirale DNA umschreibt

30-SEKUNDEN-TEXT

Matthew Weitzman

Die genetische Information wird von der DNA erst in mRNA und von dieser anschließend in Protein umgeschrieben.

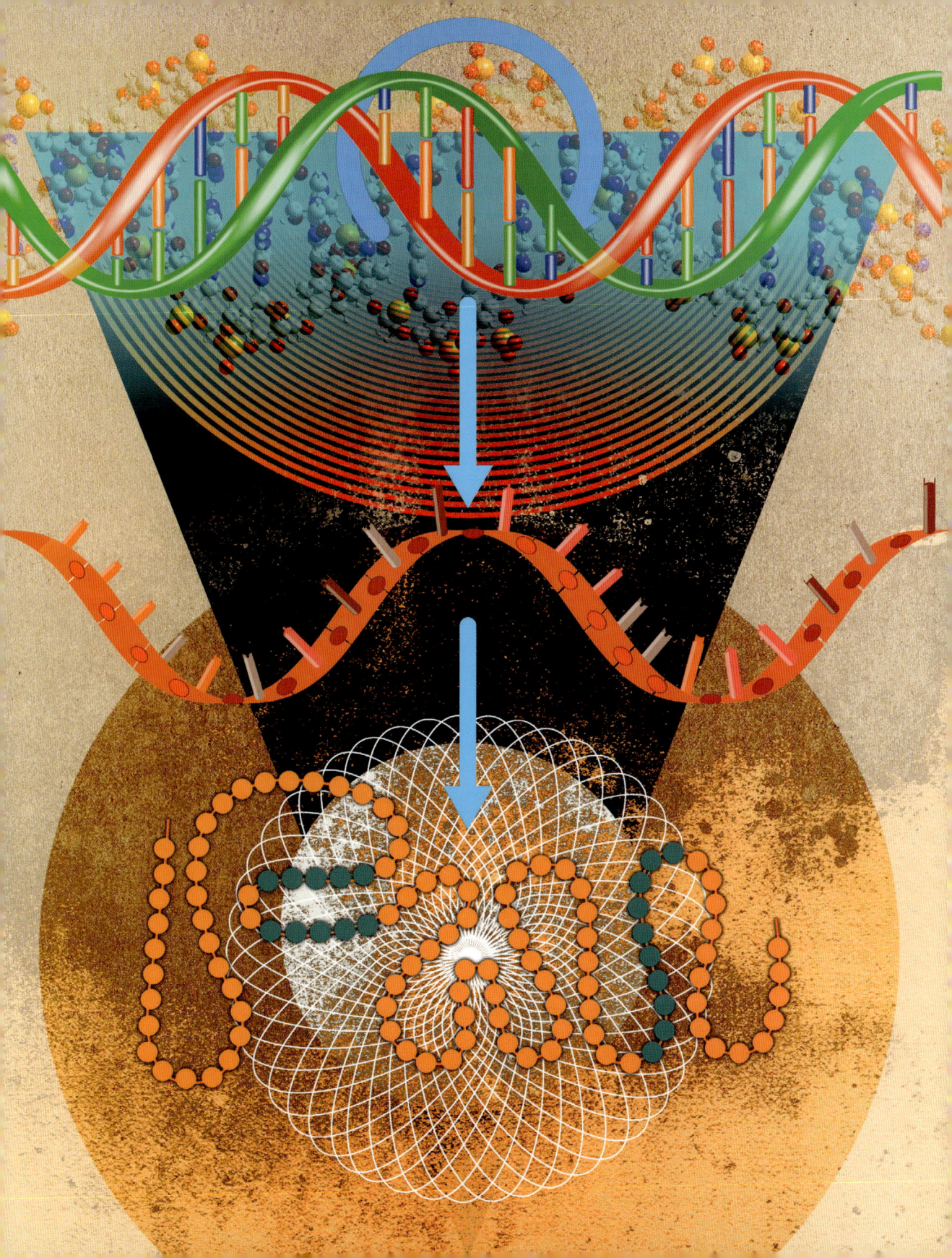

DAS HUMAN-GENOMPROJEKT

30 Sekunden Genetik

3-SEKUNDEN-KONZENTRAT

Im Rahmen des Humangenomprojekts wurden alle Basenpaare des menschlichen Genoms sequenziert. Die DNA-Sequenz ist für die Öffentlichkeit frei zugänglich.

3-MINUTEN-GEDANKE

Die Sequenzierung des ersten menschlichen Genoms dauerte 13 Jahre. Tausende von Wissenschaftlern waren weltweit am Humangenomprojekt beteiligt, das Milliarden von Euro kostete. Durch den rasanten Fortschritt der DNA-Sequenziermethoden wurden und werden Sequenzbestimmungen immer schneller, genauer und kostengünstiger. Heutzutage kann man ein komplettes menschliches Genom innerhalb weniger Stunden zum Preis von weniger als 1000 Euro sequenzieren.

Das Humangenomprojekt ist das wahrscheinlich größte Gemeinschaftsprojekt, das je von Biologen in Angriff genommen wurde. Es ist das biowissenschaftliche Pendant zum Apollo-Programm, das den Menschen auf den Mond brachte. Als Genom bezeichnet man die gesamte DNA eines gesamten Organismus. Laboratorien aus der ganzen Welt schlossen sich zusammen, um alle Gene des Menschen zu kartieren und zu verstehen. Nach einer intensiven Debatte in den 1980er-Jahren startete das US-amerikanische Nationale Gesundheitsinstitut (NIH) 1990 das Humangenomprojekt und ging von einer Dauer von mindestens 15 Jahren aus. Den Anfang bildete die Kartierung der 23 Chromosomen des Menschen, gefolgt von der geordneten DNA-Sequenzierung in Forschungszentren auf der ganzen Welt. 1996 formulierten die Projektleiter die »Bermuda-Prinzipien«, um die gemeinsame Nutzung aller genetischen Informationen zu fördern. Infolge des raschen Fortschritts bei den DNA-Sequenziermethoden kam das Projekt schneller voran als erwartet. Als 1998 auch das Unternehmen *Celera Genomics* 1998 ankündigte, das menschliche Genom sequenzieren zu wollen, brach ein Wettlauf aus. 2001 veröffentlichten sowohl das öffentliche als auch das private Projekt ihren ersten Sequenzentwurf. Zwei Jahre später zeigte die komplette Sequenz, dass das menschliche Genom aus rund 20 000 Genen mit etwa drei Milliarden Basenpaaren besteht.

VERWANDTE THEMEN

WAS IST EIN GEN?
Seite 56

GENETISCHE KARTEN
Seite 124

DNA-SEQUENZIERUNG
Seite 126

3-SEKUNDEN-BIOGRAFIEN

JAMES WATSON
geb. 1928
Amerikanischer Molekularbiologe und Mitentdecker der DNA-Doppelhelix, dessen Genom als erstes menschliches sequenziert wurde

CRAIG VENTER
geb. 1946
Amerikanischer Biotechnologe und Gründer von *Celera Genomics*, das mit dem öffentlichen Humangenomprojekt die DNA des Menschen sequenzierte

FRANCIS COLLINS
geb. 1950
Amerikanischer Genetiker und Leiter des Humangenomprojekts am NIH

30-SEKUNDEN-TEXT
Jonathan Weitzman

Das Humangenomprojekt ist eines der größten biologischen Projekte aller Zeiten.

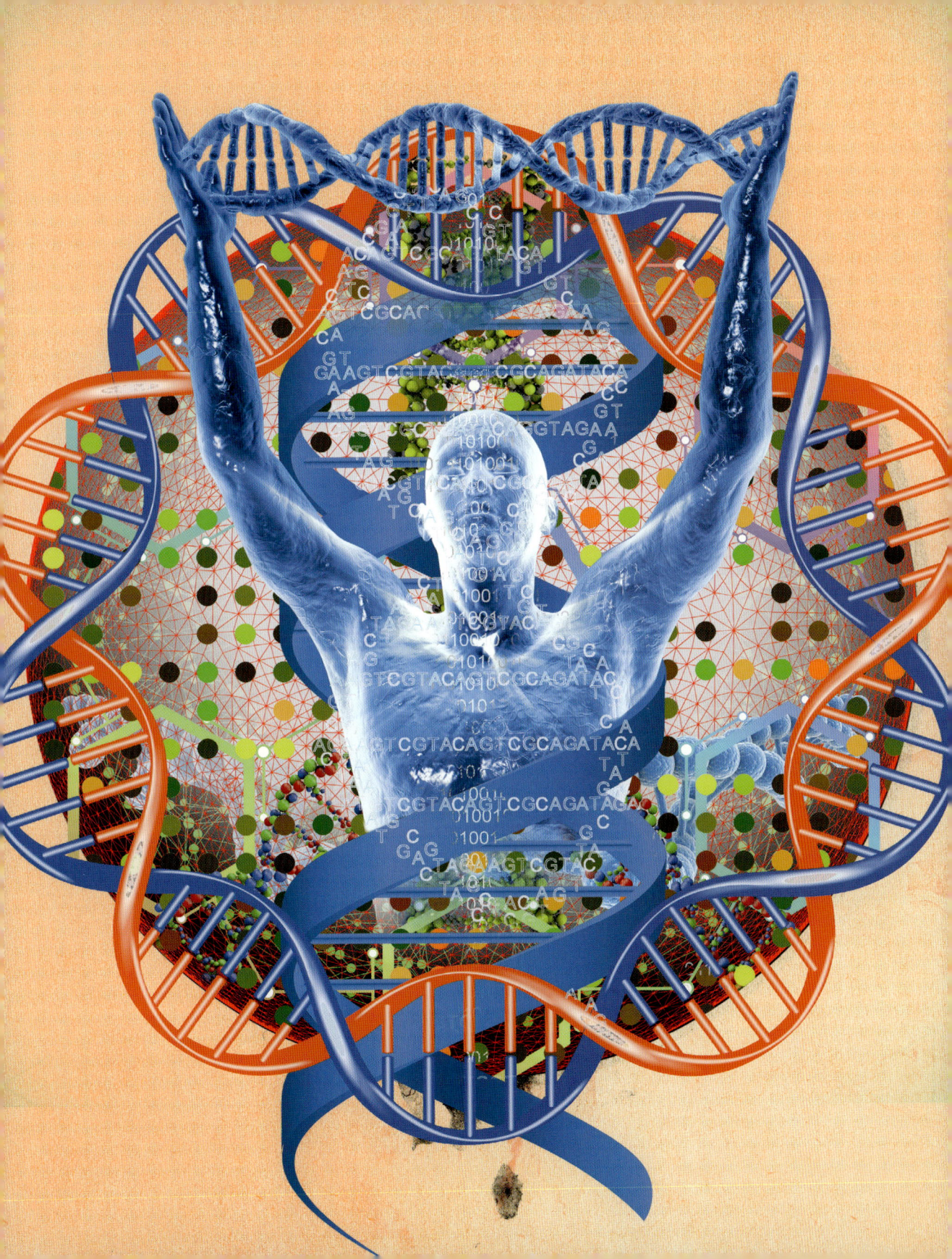

CHROMOSOMEN & ZELLEN

CHROMOSOMEN & ZELLEN
GLOSSAR

Allele Alternative Varianten eines Gens, die aus einer veränderten DNA-Sequenz oder Expression resultieren. Allele können rezessiv sein, das heißt nur wirken, wenn sie in zwei Kopien vorliegen, oder aber dominant, sodass schon eine einzelne Kopie eine Wirkung erzielt.

ATP Adenosintriphosphat besteht aus dem Nukleosid Adenin, dem Zucker Ribose und drei Phosphatgruppen. Diese kleine Verbindung ist der wichtigste zelluläre Energieträger und -speicher.

Checkpoint-Proteine Überwachen den Weg einer Eukaryotenzelle durch den Zellzyklus und steuern ihn. An kritischen Stellen im Zellzyklus überprüfen Checkpoint-Proteine, ob bestimmte Bedingungen erfüllt sind und die Zelle in die nächste Phase des Zyklus übergehen kann. Die Checkpoint-Proteine dienen somit der präzisen Qualitätskontrolle und entscheiden darüber, ob sich eine Zelle teilt oder nicht.

Chromatid Vor der Zellteilung gebildete Kopie eines Chromosoms. Jedes Chromatidenpaar (sogenannte Schwester-Chromatiden) wird durch ein Zentromer zusammengehalten.

Chromatin Komplex aus DNA und Protein in eukaryotischen Zellen. Der Proteinanteil im Chromatin setzt sich aus Histon-Proteinen und Nicht-Histon-Proteinen zusammen. Die Chromatin-Struktur hat eine entscheidende Funktion bei der Regulation der Genexpression.

Eukaryot Organismus aus einer oder vielen Zellen mit Zellkern und Zytoplasma. Lebende Zellen ohne Zellkern wie Bakterien nennt man Prokaryoten.

Histone Familie kleiner Proteine, die mit der DNA eukaryotischer Zellen in Zusammenhang stehen. Mehrere Histone bilden kugelartige Strukturen, die sogenannten Nukleosomen. Das Verpacken der DNA durch die Histone unterstützt die Organisation des Genoms und die kontrollierte Genexpression.

Kernmatrix An der Organisation des Chromatins beteiligtes Netzwerk im Inneren des Zellkerns.

Kernporen Proteinkomplexe in der Hülle, die den Zellkern umgibt. Die Kernhülle einer Wirbeltierzelle enthält bis zu 2000 solcher molekularer »Tore«. Sie gewährleisten den Austausch von Molekülen zwischen Zytoplasma und Kernplasma.

Kinetochor Proteinkomplex, der während der Mitose auf dem Zentromer assembliert. Das Kinetochor verbindet die Chromosomen mit den Mikrotubuli, sodass die Chromosomen von den entgegengesetzten Polen der sich teilenden Zelle angezogen werden können.

Mitochondrium (Plural Mitochondrien) Organellen im Zytoplasma eukaryotischer Zellen. Die

Mitochondrien erzeugen den Großteil der chemischen Energie einer Zelle in Form von ATP, weshalb sie auch als »Zellkraftwerke« bezeichnet werden. Sie sind umgeben von einer Doppelmembran und enthalten ihr eigenes Genom, die sogenannte mitochondriale DNA (mtDNA). Störungen der Mitochondrienfunktion oder Mutationen der mtDNA können beim Menschen ernsthafte Stoffwechselkrankheiten hervorrufen, die man als Mitochondriopathien (mitochondriale Erkrankungen) zusammenfasst.

Mitose und Meiose Spezifische Formen von Kernteilungen in eukaryotischen Zellen. Bei der Mitose kondensiert die DNA zu erkennbaren Chromosomen und der Inhalt des Zellkerns wird eins zu eins auf die beiden Tochterzellen übertragen. Beide Tochterzellen erhalten somit exakt gleich viel DNA wie die Mutterzelle. Bei der Meiose folgen zwei Runden von Kernteilungen aufeinander. Mit Abschluss der zweiten meiotischen Kernteilung entstehen vier Zellen, von denen jede halb so viel DNA wie die Mutterzelle enthält. Die Meiose erzeugt Spermien- und Eizellen.

Organell Spezialisierte Substruktur im Zellinneren mit besonderer Funktion. Zu den Organellen eukaryotischer Zellen zählen Mitochondrien, die die Energie für die Zelle erzeugen, und Chloroplasten, die in Pflanzenzellen für die Photosynthese zuständig sind.

Shelterin Proteinkomplex, der die Telomere an den Enden der Chromosomen vor DNA-Reparaturmechanismen abschirmt. Ohne Shelterin gleicht das ungeschützte Telomer beschädigter DNA, was zu folgenschweren Reparaturversuchen führt.

Telomer Besondere Struktur an den Enden der Chromosomen. Eukaryotische Zellen benötigen das Enzym Telomerase, um die Telomere nach jeder Zellteilung wiederherzustellen.

Zentromer Kondensierter Bereich eines Chromosoms, der die Chromatiden während der Zellteilung (Mitose) verbindet. Auf dem Zentromer wird außerdem das Kinetochor assembliert, damit die Chromosomen auf die beiden Tochterzellen verteilt werden können.

Zytokinese Zellteilung, bei der das Zytoplasma der Mutterzelle auf die beiden Tochterzellen verteilt wird. Unterscheidet sich von der Kernteilung (Mitose oder Meiose).

Zytoplasma Von der äußeren Zellmembran umschlossene Grundstruktur einer Zelle. In Eukaryotenzellen gehört alles außerhalb des Zellkerns zum Zytoplasma.

DER ZELLKERN

30 Sekunden Genetik

Der Kern einer eukaryotischen

Zelle gleicht einem Gehirn oder einer Schaltzentrale: Er speichert Informationen, empfängt Nachrichten aus dem Zellinneren und der zellulären Umgebung und steuert die erforderlichen Reaktionen. Der Zellkern ist das Kompartiment, in dem sich die Chromosomen befinden, und wird durch eine Doppelmembran, die Kernhülle, begrenzt. Die Kernporen in der Kernhülle fungieren als Tore für den Im- und Export von Molekülen. Die Zellkerne der meisten menschlichen Zellen enthalten 46 Chromosomen. Diese bestehen aus Chromatin mit speziellen Proteinen, die die Chromosomen kompaktieren, sodass sie im Kern Platz finden. Zu den wichtigsten Funktionen des Zellkerns gehören der Schutz, die Organisation, die Replikation sowie die Expression des genetischen Materials. Der Zellkern verarbeitet auch Informationen, die aus anderen Regionen der Zelle im Kern eingehen, und trifft Entscheidungen, die die Struktur und Funktion der Zelle betreffen. So wird beispielsweise ein Signal an den Zellkern gesendet, wenn die zelluläre Umgebung reich an Nährstoffen ist. Dies aktiviert im Kern Gene, die Proteine codieren, die für das Aufschließen von Nährstoffen erforderlich sind. Der Kern ist ein Kontrollzentrum, in dem sämtliche für die korrekte Zellstruktur und -funktion notwendigen Informationen gespeichert werden.

3-SEKUNDEN-KONZENTRAT
Der Zellkern ist das zentrale Kompartiment im Inneren eukaryotischer Zellen und enthält das genetische Material.

3-MINUTEN-GEDANKE
Einst glaubten die Wissenschaftler, die Chromosomen seien im Zellkern zufällig verteilt und ineinander verwickelt wie Spaghetti auf einem Teller. Doch seit einiger Zeit wissen wir, dass eine Kernmatrix aus Proteinfilamenten unter der Kernhülle die Chromosomen im Zellkern organisiert. Jedes Chromosom befindet sich in einem eigenen Chromosomengebiet, das mit keinem anderen überlappt und mit einer chromosomenspezifischen Farbstoffmarkierung sichtbar gemacht werden kann.

VERWANDTE THEMEN
CHROMOSOMEN
& KARYOTYPEN
Seite 38

ZELLTEILUNG
Seite 50

GENOMARCHITEKTUR
Seite 72

3-SEKUNDEN-BIOGRAFIEN
ANTONIE VAN LEEUWENHOEK
1632–1723
Niederländischer Mikrobiologe, der sein Mikroskop so weiterentwickelte, dass er damit die Blutzellkerne in Lachsblut beobachten konnte

FELICE FONTANA
1730–1805
Italienischer Physiologe, der 1781 im Schleim von der Haut eines Aals ein Subkompartiment des Zellkerns, den Nucleolus, entdeckte

30-SEKUNDEN-TEXT
Robert Brooker

Der Zellkern speichert die genetische Information und steuert die Zellfunktionen.

CHROMOSOMEN & KARYOTYPEN

30 Sekunden Genetik

Chromosomen tragen das geneti-
sche Material einer Zelle. Bakterien besitzen relativ
kleine, zirkuläre und mit Proteinen besetzte Bakte-
rienchromosomen. In komplexeren Organismen mit
mehreren Chromosomen, so auch beim Menschen,
wird die DNA mithilfe spezieller Proteine, der sogenannten Histonen, kondensiert. DNA, Histone und
andere Proteine bilden das Chromatin. In eukaryotischen Zellen wie den unsrigen befinden sich die Chromosomen im Zellkern. In jedem menschlichen Zellkern
sind 23 Chromosomenpaare mit einer DNA-Gesamt-
länge von zwei Metern verpackt. 22 Paare sind Autosomen oder Homologe, Kopien mit geringfügigen
Unterschieden – eine Art Datensicherung der genetischen Information. Das 23. Chromosomenpaar bilden
die Geschlechtschromosomen (Gonosomen) X und Y,
deren Verteilung das Geschlecht eines Individuums
bestimmt: Frauen haben XX, Männer XY. Den kompletten Chromosomensatz nennt man Karyotyp.
Dieser lässt sich am besten während einer Zellteilung
untersuchen, wenn die DNA dupliziert und stark kondensiert wurde. Jedes Chromosom besteht dann aus
zwei Kopien, den Schwester-Chromatiden. Während
der Zellteilung überträgt die Mutterzelle je ein Chromatid auf die beiden Tochterzellen. Passiert dabei ein
Fehler, führt dies zu einer abnormen Chromosomenzahl, wie in Krebszellen häufig zu beobachten.

VERWANDTE THEMEN
CHROMATIN & HISTONE
Seite 38

GENETISCHE KARTEN
Seite 124

*Die Chromosomen
befinden sich im Zell-
kern und setzen sich
aus kondensierten
DNA-Strängen und Pro-
teinen zusammen.*

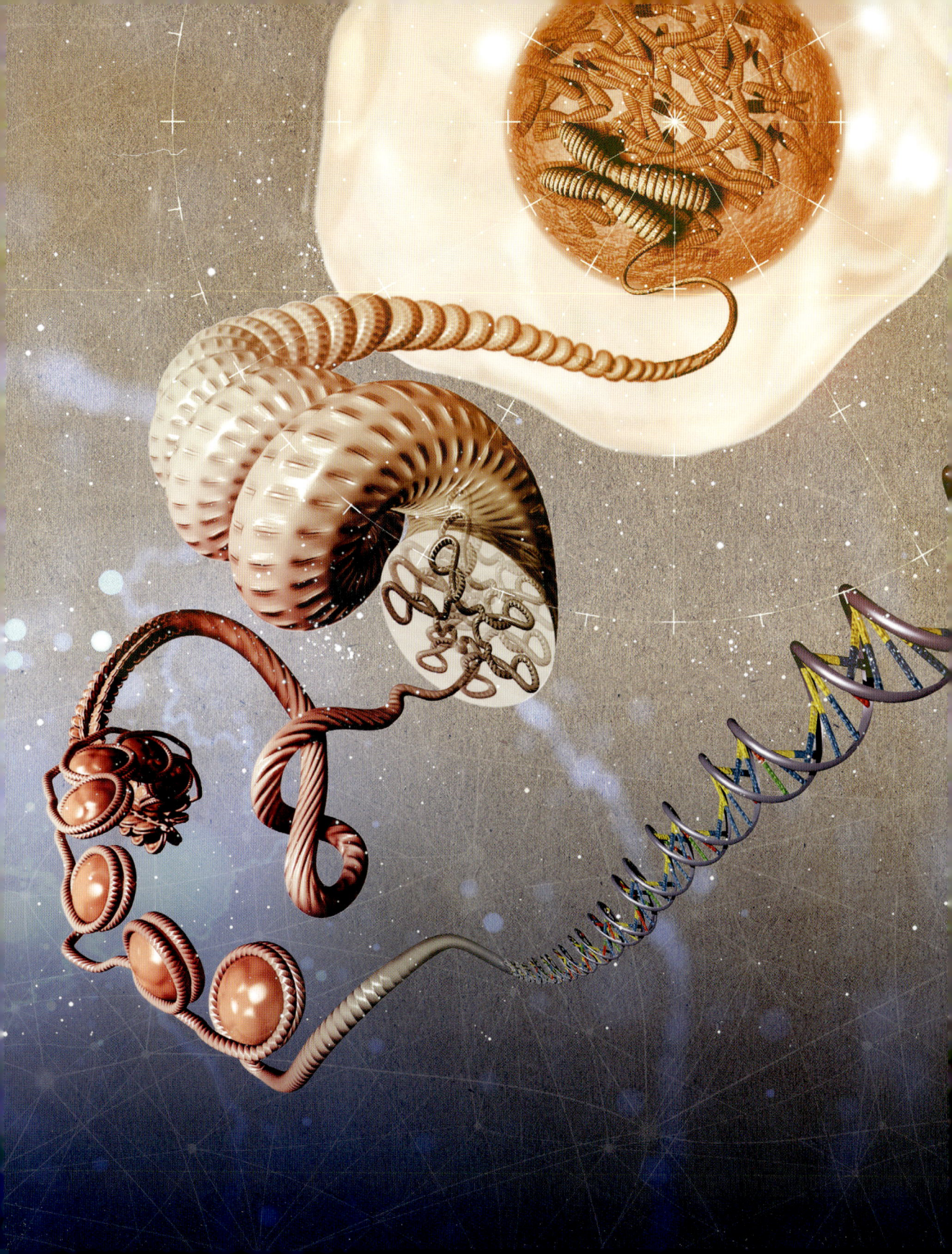

MITOCHONDRIEN

30 Sekunden Genetik

Im Kern einer menschlichen Zelle

befinden sich 46 Chromosomen mit über 22 000 »nuklearen« Genen. Sie sind aber nicht die einzigen Gene in menschlichen Zellen. Tierische und pflanzliche Zellen enthalten mehrere Dutzend als Mitochondrien (Singular Mitochondrium) bezeichnete Organellen, die mehrere Kopien ihres eigenen Genoms besitzen. Eine menschliche Zelle enthält etwa 100 Mitochondrien, von denen jedes etwa fünf Kopien ihres jeweiligen Chromosoms besitzt. Somit kommt jedes mitochondriale Gen in etwa 500 Kopien pro Zelle vor. Je nach Organismus codiert die mitochondriale DNA (mtDNA) unterschiedlich viele Gene. Beim Menschen enthält das mitochondriale Chromosom 37 Gene, von denen 14 Proteine codieren. Die mitochondrialen Proteine erzeugen zusammen mit anderen, die von nuklearen Genen stammen, die lebenswichtige energiereiche Verbindung ATP (Adenosintriphosphat). Da Spermien keine Mitochondrien besitzen, wird die mtDNA ausschließlich über die Mutter vererbt. Die Urahnen der Mitochondrien, unabhängige einzellige Organismen, drangen vermutlich vor Millionen von Jahren in die Vorläufer der pflanzlichen und tierischen Zellen ein. Allmählich entwickelte sich zwischen ihnen und den Wirtszellen eine symbiotische Beziehung, die für das Überleben der Tier- und Pflanzenzellen von grundlegender Bedeutung ist.

3-SEKUNDEN-KONZENTRAT
Mitochondrien besitzen ihre eigenen Chromosomen und Gene, die Proteine exprimieren. Letztere synthetisieren im Verbund mit Proteinen, die von Genen im Zellkern codiert werden, den zellulären Energieträger ATP.

3-MINUTEN-GEDANKE
Mutationen in mitochondrialen Genen können die ATP-Produktion beeinträchtigen und Erbkrankheiten verursachen. Mitochondriale Krankheiten gehören aus zwei Gründen nicht zu den Mendelschen (monogenen) Krankheiten. Erstens werden sie nur von der Mutter vererbt (matrilinear), und zweitens findet eine Erkrankung meist erst statt, wenn viele mutierte Kopien eines Gens in einer Zelle vorliegen, während bei den Mendelschen Krankheiten nur eine oder beide Kopien eines Gens mutiert sein müssen.

VERWANDTE THEMEN
DER ZELLKERN
Seite 36

ZELLTEILUNG
Seite 50

DOMINANT & REZESSIV
VERERBTE GENETISCHE
KRANKHEITEN
Seite 104

3-SEKUNDEN-BIOGRAFIEN
RICHARD ALTMANN
1852–1900
Deutscher Pathologe und Entdecker der Mitochondrien, der ihnen zelluläre Funktionen beimaß

EUGENE KENNEDY &
ALBERT LEHNINGER
1919–2011 bzw. 1917–1986
US-amerikanische Biochemiker, die gemeinsam den mitochondrialen Mechanismus der ATP-Produktion aufdeckten

30-SEKUNDEN-TEXT
Mark Sanders

Mitochondrien sind Organellen mit eigenem Genom.

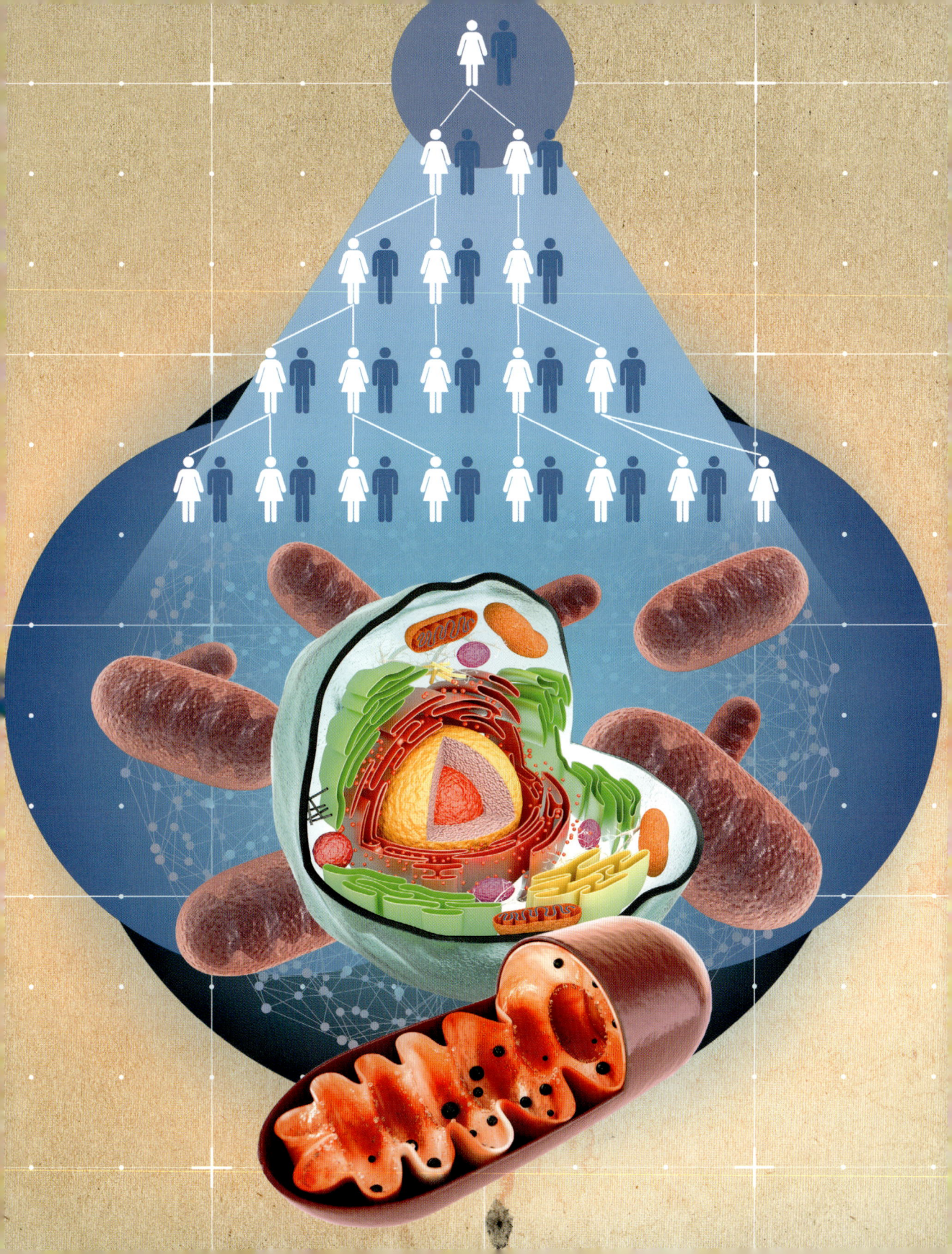

DAS Y-CHROMOSOM DES MENSCHEN

30 Sekunden Genetik

Bei vielen Tieren und Pflanzen

wird das Geschlecht genetisch festgelegt. Zum Beispiel bewirken bei den meisten dieser Organismen zwei X-Chromosomen die Ausbildung weiblicher Geschlechtsmerkmale. Im Gegensatz dazu besitzen männliche Tiere und Pflanzen ein X- und ein Y-Chromosom. Letztere kommen bei Säugetieren, Pflanzen und vielen anderen Organismen, so auch bei Insekten, vor. Die X-Chromosomen sind meist groß und mit Genen vollgepackt, während die kleineren Y-Chromosomen nur wenige Gene tragen. Auch wenn die Y-Chromosomen in Pflanzen und Tieren von keinem gemeinsamen Vorfahren abstammen, ist ihre Evolutionsgeschichte dieselbe. X- und Y-Chromosom entwickelten sich aus einem Paar identischer Chromosomen in einem Differenzierungsprozess, der mit der Entstehung eines männlichkeitsbestimmenden Gens auf dem Y-Chromosom zusammenhing. Mit Ausbildung des Y-Chromosoms sammelten sich auch andere für die männliche Reproduktion wichtige Allele um die geschlechtsbestimmende Region an. Anschließend verhinderten chromosomale Umlagerungen den Austausch von genetischem Material zwischen den Vorfahren von X- und Y-Chromosom. Dies beschleunigte die Evolution des Y-Chromosoms, das mit der Zeit die meisten seiner Gene verlor und vielleicht irgendwann ganz verschwunden sein wird. Das Y-Chromosom ist das genetische Erbe, das seit Millionen von Jahren von den Vätern auf die Söhne übertragen wird.

3-SEKUNDEN-KONZENTRAT
X- und Y-Chromosom stammen von Vorläuferchromosomen ab, die einen Differenzierungsprozess durchmachten. Auslöser war die Entstehung eines männlichkeitsbestimmenden Gens auf dem Y-Chromosom.

3-MINUTEN-GEDANKE
Das Y-Chromosom erlebte eine langsame Degeneration und verlor im Laufe der Evolution Tausende seiner ursprünglichen Gene. Heute sind dafür die meisten wesentlichen Gene auf dem Y-Chromosom gleich in mehreren Sicherheitskopien vorhanden. Seit der Auseinanderentwicklung von Mensch und Schimpanse hat aber das Y-Chromosom des Menschen kein einziges Gen mehr verloren. Somit wird es auch noch in Millionen von Jahren existieren und die Geschichte der männlichen Abstammungslinie des Menschen erzählen können.

VERWANDTE THEMEN
X-INAKTIVIERUNG
Seite 84

GESCHLECHT
Seite 98

3-SEKUNDEN-BIOGRAFIE
CLARENCE MCCLUNG
1870–1946
US-amerikanischer Biologe und Entdecker der Rolle der Geschlechtschromosomen bei der Geschlechterbestimmung

30-SEKUNDEN-TEXT
Reiner Veitia

Die Wahrscheinlichkeit, als Mädchen (XX) oder als Junge (XY) geboren zu werden, ist gleich hoch. Das Y-Chromosom bestimmt zwar das Geschlecht, enthält im Gegensatz zum X-Chromosom aber keine Gene für lebenswichtige Funktionen.

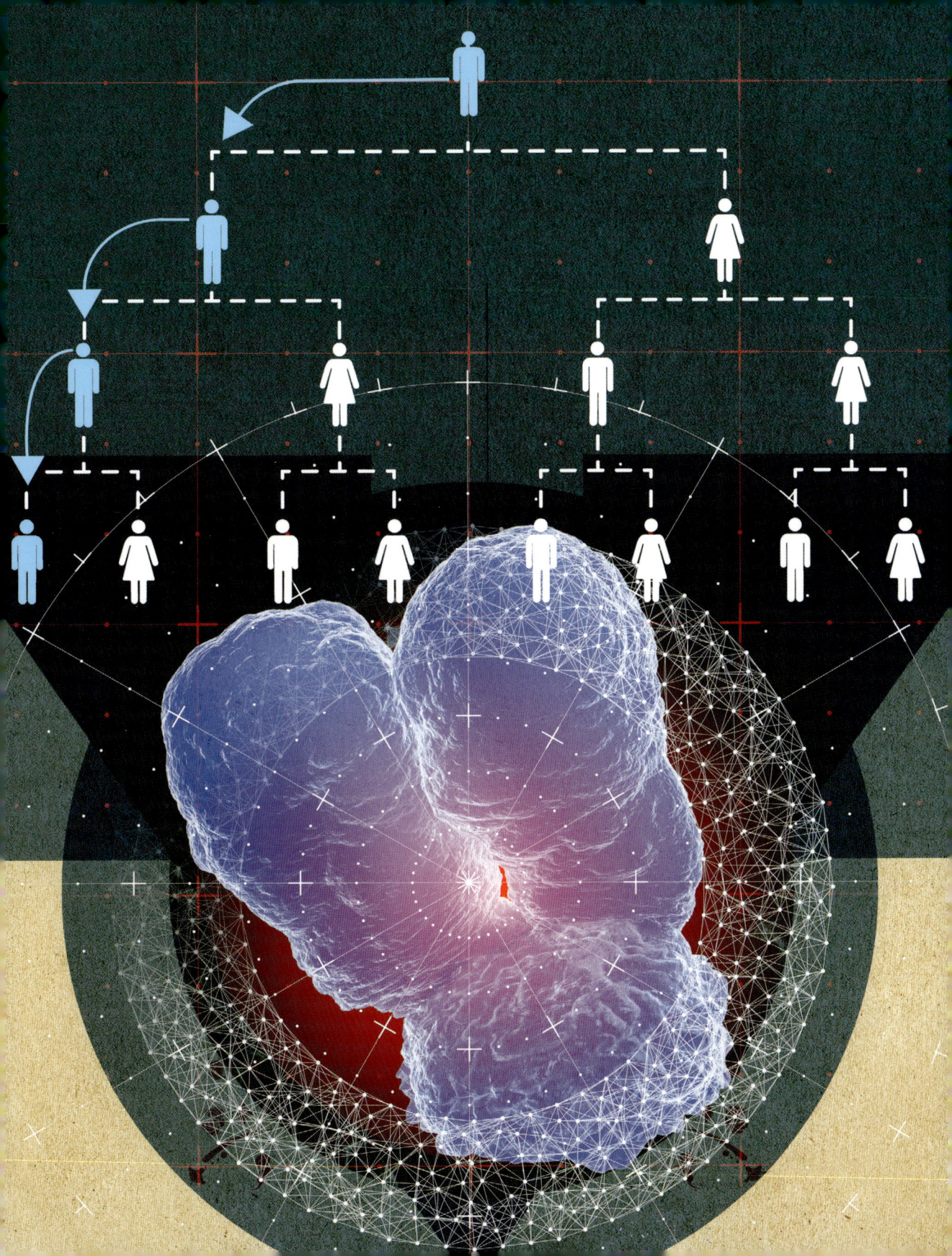

5. September 1866
Geboren in Lexington,
Kentucky, USA

1886
Bachelor of Science an der
Kentucky State University

1890
Promoviert an der *John
Hopkins University*

1891–1904
Professor am *Bryn Mawr
College*

1904–1928
Professur für Experimen-
telle Zoologie an der New
Yorker *Columbia University*

1909
Beginn seiner wegwei-
senden Arbeiten zur
Fruchtfliege *Drosophila
melanogaster*

1911
Richtet den »Fly Room«
(Fliegenzimmer) an der
Columbia University ein

1915
*The Mechanism of
Mendelian Heredity*

1919
Wird als »Foreign Mem-
ber« in die *Royal Society* in
London gewählt

1922
»Croonian Lecture« vor der
Königlichen Gesellschaft

1928–1941
Professor am *California
Institute of Technology* in
Pasadena

1933
Auszeichnung mit dem
Nobelpreis für Physiologie
oder Medizin

4. Dezember 1945
Stirbt im Alter von 79
Jahren

THOMAS HUNT MORGAN

Thomas Hunt Morgan ver-

wendete die einfache Fruchtfliege Drosophila als genetisches Modell und trug damit als Pionier zur Aufdeckung der Schlüsselfunktion von Chromosomen bei der Vererbung bei. Der 1866 in Lexington, USA geborene Morgan stammte aus einer Familie mit berühmten Mitgliedern: Er war ein Neffe des Konföderierten-Generals John Hunt Morgan und Urenkel von Francis Scott Key, dem Verfasser des Textes zur amerikanischen Nationalhymne.

Von klein auf interessierte sich Morgan für die Natur und Naturgeschichte und sammelte Vögel, Vogeleier und Fossilien. Mit 16 Jahren begann er ein Studium, das er mit dem *Bachelor of Science* abschloss. Anschließend promovierte er an der *Johns Hopkins University*.

Von 1891 bis 1904 lehrte Morgan als Professor am *Bryn Mawr College*, einer Frauenuniversität in der Nähe von Philadelphia, Biologie und Naturwissenschaften. 1904 wurde er an die New Yorker *Columbia University* berufen und richtete dort den »Fly Room« (Fliegenzimmer) ein, denn er wollte herausfinden, wie sich eine Fliegenart im Laufe der Zeit verändert. Dass die Fruchtfliege *Drosophila melanogaster* sich als experimenteller Modellorganismus für genetische Studien etablierte, war weitgehend Morgans Verdienst.

Mit einer wegweisenden Studie konnte Morgan die Chromosomen-Theorie der Vererbung bestätigen. Dabei wies er einen seiner Doktoranden an, einige Fruchtfliegen im Dunkeln zu halten. Er erwartete, dass sich bei einigen die Augen infolge Nichtgebrauchs zurückbilden würden und in folgenden Generationen gar nicht mehr vorhanden wären. Aber selbst nach vielen Generationen und trotz wiederholter Versuche, durch Röntgen- oder Radiumstrahlung Mutationen zu verursachen, ließen die Fliegen keine merklichen Veränderungen erkennen.

Nach zwei Jahren konnte Morgan schließlich doch noch etwas Interessantes feststellen, als eine der Drosophila-Zuchtlinien eine männliche Fliege mit weißen Augen anstatt der normalen roten hervorbrachte. Morgan soll diese Fliege in einem Glas mit nach Hause genommen, es nachts neben sein Bett gestellt und am nächsten Tag wieder zurück ins Labor gebracht haben. Mit dieser weißäugigen Fliege konnte er bestätigen, dass das Gen, das bei Fruchtfliegen die Augenfarbe bestimmt, auf dem X-Chromosom liegt. Morgan schloss daraus, dass rote Augenfarbe und X (ein Geschlechtsfaktor, von dem Fliegenweibchen zwei Kopien tragen) nur in Kombination, nie aber getrennt vorkommen.

1928 verließ Morgan die *Columbia University* und wechselte als Professor für Biologie an das *California Institute of Technology (Caltech)* in Pasadena. Dort gründete er eine Abteilung für Biologie, die im Laufe der Zeit nicht weniger als sieben Nobelpreisträger hervorbrachte. 1933 wurde Morgan als erster Genetiker mit einem Nobelpreis ausgezeichnet. Er forschte und arbeitete bis zu seinem Tod im Jahre 1945 am *Caltech*.

Robert Brooker

ZENTROMERE & TELOMERE

30 Sekunden Genetik

Bevor sich eine Zelle in unserem

Körper teilen kann, müssen ihre Chromosomen kopiert werden. Die dabei entstehenden Chromatidpaare werden vom Zentromer zusammengehalten. Dieses assembliert einen komplexen Apparat, durch den die Chromosomen bei der Kernteilung verteilt werden. Dabei bindet sich das Kinetochor, ein Proteinkomplex, an das Zentromer und unterstützt es dabei, die Schwester-Chromatiden an entgegengesetzte Enden der Zelle zu befördern, sodass jede Tochterzelle je ein Chromatid erhält. Die DNA-Polymerase kann bei der Replikation eines Chromosoms nicht ganz bis zum Telomer (Ende des Chromosoms) arbeiten, doch die Zelle muss sicherstellen, dass bei jeder Replikation das komplette Chromosom kopiert wird. Das Problem wird durch repetitive Sequenzen in den Telomeren gelöst, die an beiden Enden der Chromosomen eine Art Schutzkappe bilden. Nach jeder Replikation werden die Telomere durch das Enzym Telomerase aufgefüllt. Telomere und Telomerase spielen eine wichtige Rolle bei Humankrankheiten. So wird eine Verkürzung der Telomere mit Alterungserkrankungen in Verbindung gebracht. Funktionale Störungen oder Verkürzungen der Telomere können zu genomischer Instabilität führen und führen oft zu Tumorbildung. Die Telomerase kann die Lebensdauer der Zellen verlängern, sodass man in Krebszellen häufig auf eine erhöhte Telomerasekonzentration stößt.

3-SEKUNDEN-KONZENTRAT
Das Zentromer, eine Verengung in der Mitte der Chromosomen, ist an der Segregation der Chromatiden während der Zellteilung beteiligt, und Telomere schützen die Enden der Chromosomen vor allmählicher Verkürzung.

3-MINUTEN-GEDANKE
Bei der Zellteilung sollten beide Tochterzellen unbedingt die gleiche Anzahl intakter Chromosomen erhalten. Zwei Teilstrukturen des Chromosoms sorgen dafür: die Telomere an den Enden und das Zentromer in der Mitte. Erstere verhindern den Verlust von unverzichtbarem genetischem Material an den Enden, während das Zentromer die korrekte Verteilung der Schwester-Chromatiden auf die Tochterzellen ermöglicht.

VERWANDTE THEMEN
CHROMOSOMEN
& KARYOTYPEN
Seite 38

ZELLTEILUNG
Seite 50

DNA-SCHÄDEN & REPARATUR
Seite 70

3-SEKUNDEN-BIOGRAFIEN
ELIZABETH BLACKBURN
geb. 1948
Australisch-amerikanische Biologin, die herausfand, dass Telomere eine spezifische DNA-Sequenz haben

JACK SZOSTAK
geb. 1952
Biologe, der mit Blackburn aufzeigen konnte, dass die Telomere die Enden der Chromosomen schützen

CAROL GREIDER
geb. 1961
Biologin, die mit Blackburn die Telomerase entdeckte

30-SEKUNDEN-TEXT
Matthew Weitzman

Das Zentrum eines Chromosoms wird als Zentromer bezeichnet, die Enden als Telomere.

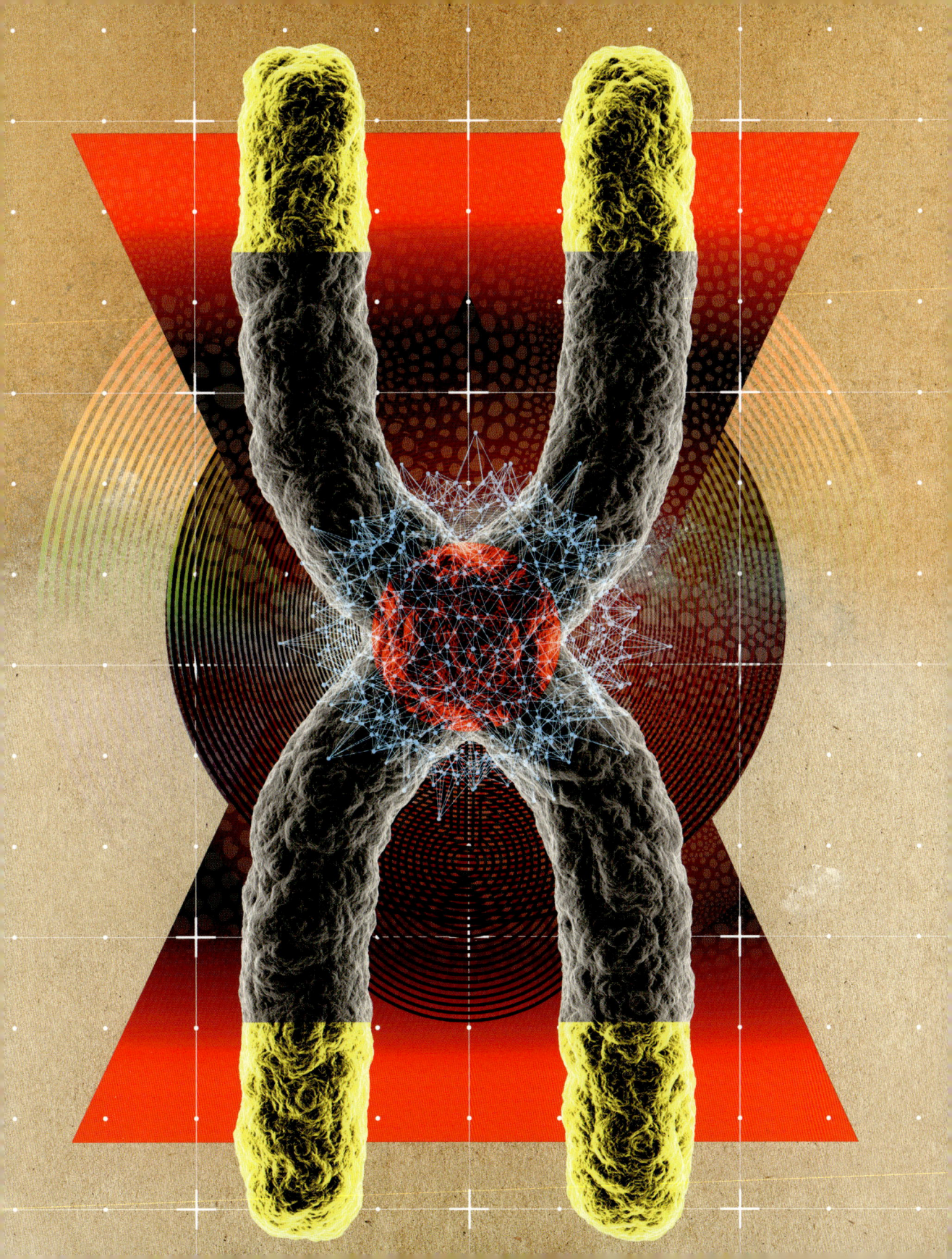

DER ZELLZYKLUS

30 Sekunden Genetik

3-SEKUNDEN-KONZENTRAT
Die Phasen des Zellzyklus sind Zellwachstum, DNA-Replikation und Zellteilung.

3-MINUTEN-GEDANKE
Um zu gewährleisten, dass alle Chromosomen intakt und die Bedingungen für eine Zellteilung günstig sind, wird der Zellzyklus genau reguliert. Checkpoint-Proteine erkennen etwaige Probleme und verzögern den Zellzyklus so lange, bis sie beseitigt sind. Lässt sich auch nur ein Problem nicht lösen, wird die Zellteilung abgebrochen. Bei Mutationen in Checkpoint-Proteinen kann es zu einer fehlerhaften Qualitätskontrolle und in der Folge zu unerwünschten genetischen Veränderungen kommen, die weitere Mutationen oder Krebs verursachen.

Der Körper eines erwachsenen Menschen enthält zwischen zehn und 50 Billionen Zellen. Das sind mehr als 10 000 000 000 000! Eine schier unvorstellbare Zahl, aber noch erstaunlicher ist der präzise Ablauf des Prozesses, aus dem diese Zellen hervorgehen. Mit Ausnahme einiger seltener Mutationen enthält jede Körperzelle Chromosomen mit identischer DNA. Der Zellzyklus ist der Prozess, den eine Zelle durchläuft, um zwei Tochterzellen zu erzeugen. In sämtlichen auf der Erde lebenden Arten ist der Zellzyklus genau abgestimmt, weil gewährleistet sein muss, dass die Zellteilung zum richtigen Zeitpunkt und ohne Fehler erfolgt. Zum Zellzyklus gehören Zellwachstum, DNA-Replikation und Zellteilung. Er umfasst die vier Phasen G1, S, G2 und M. Abhängig von Signalfaktoren, Wachstumshormonen und der momentanen Nährstoffversorgung entscheidet die Zelle in der G1-Phase, ob sie sich teilen will oder nicht. In der S-Phase kopiert sie ihr komplettes genetisches Material, und während der G2-Phase bereitet sie sich auf die Teilung vor. In der M-Phase teilt sich schließlich der Zellkern, und die beiden Tochterzellen trennen sich in einem Prozess, den man als Zytokinese bezeichnet.

VERWANDTE THEMEN
DER ZELLKERN
Seite 36

ZELLTEILUNG
Seite 50

KREBSGENETIK
Seite 112

3-SEKUNDEN-BIOGRAFIEN
LELAND HARTWELL
geb. 1939
Amerikanischer Hefegenetiker, der die grundlegende Funktion von Checkpoints zur Kontrolle des Zellzyklus entdeckte

PAUL NURSE
geb. 1949
Englischer Genetiker und Nobelpreisträger, der die Schlüsselproteine für den Übergang von einer Zellzyklus-Phase in die nächste identifizierte

30-SEKUNDEN-TEXT
Robert Brooker

Der Zellzyklus verläuft in vier Phasen, hier mit Pfeilen in Orange (G1), Grün (S), Blau (G2) und Magenta (M) markiert.

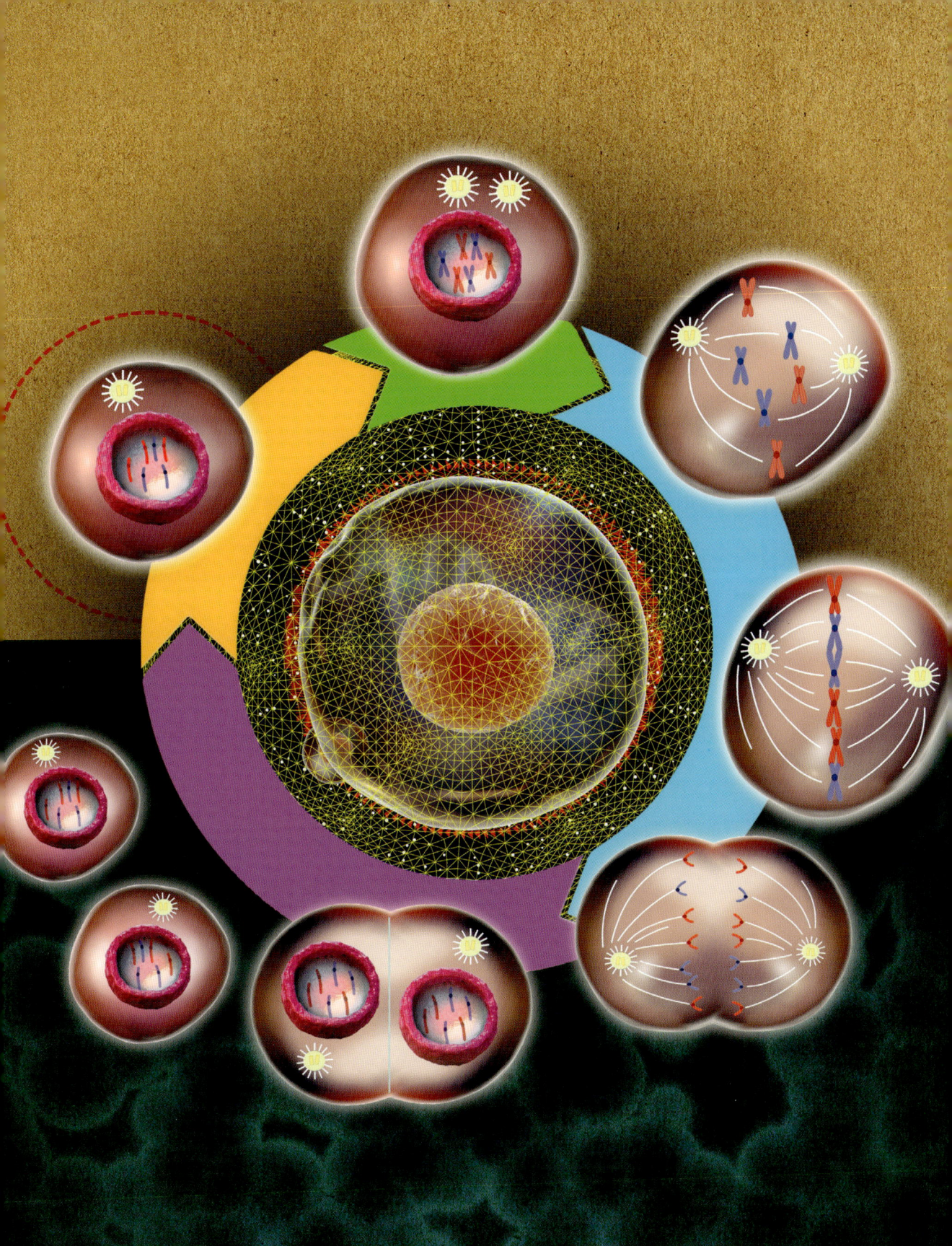

DIE ZELLTEILUNG

30 Sekunden Genetik

Lebende Organismen wachsen

und vermehren sich durch Zellteilung. Tagein, tagaus
teilen sich Zellen in unserem Körper. Dabei entstehen
zwei Tochterzellen, die während der Kernteilung beide
das genetische Material und die Organellen ihrer Mutterzelle erben. Die beiden Arten der Kernteilung sind
die Mitose und die Meiose. Bei der Mitose entstehen
Tochterzellen, die mit der Mutterzelle genetisch identisch sind, während die Meiose Gameten (Ei und
Samenzellen) zur geschlechtlichen Fortpflanzung erzeugt. Vor der Mitose kopiert die Zelle ihre komplette
DNA und den Großteil des Zellinhalts, damit die Tochterzellen beide dieselbe Menge DNA und Proteine
erhalten. Dagegen wird bei der Meiose die duplizierte
DNA vermischt, und nach zwei meiotischen Tei-
lungen entstehen vier Gameten mit je der Hälfte der
DNA der Mutterzelle. Beim Menschen enthalten die
meisten Zellen 46 Chromosomen, die Gameten aber
nur je 23. Somit trägt, wenn ein Spermium eine Eizelle
befruchtet und ein Embryo entsteht, jeder Gamet die
Hälfte zur DNA bei. Wenn einer der Gameten eine
abnormale Anzahl von Chromosomen beisteuert (zum
Beispiel eine zusätzliche Kopie des Chromosoms 21),
hat auch das entstehende Individuum eine abnormale
Chromosomenzahl (im erwähnten Fall bekannt als
»Trisomie 21«).

*Während der mitoti-
schen Zellteilung wird
die vorher duplizierte
DNA einer Mutterzelle
zu gleichen Teilen auf
die Tochterzellen über-
tragen, sodass zwei
identische Kopien der
Mutterzelle entstehen.*

GENE & GENOME

Basenexzisionsreparatur (BER) Zellulärer Reparaturmechanismus für DNA-Schäden, entfernt geringfügige Fehler aus dem Genom und bewahrt vor schädlichen Mutationen.

Chromatin Komplex aus DNA und Protein in eukaryotischen Zellen. Der Proteinanteil des Chromatins besteht aus Histon- und Nicht-Histon-Proteinen. Die Chromatinstruktur spielt eine wichtige Rolle bei der Genexpression.

Eukaryot Organismus aus einer oder vielen Zellen mit Zellkern und Zytoplasma. Lebende Zellen ohne Zellkern wie Bakterien nennt man Prokaryoten.

Exons und Introns Beim Splicing werden Introns aus der mRNA herausgeschnitten, und nur Exons bleiben übrig. Die Exons werden zu einer reifen mRNA verbunden, von der sich Proteine ablesen lassen. Das Genom ist das komplette Erbgut eines Organismus, die Gesamtheit aller Exons bezeichnet man als Exom.

Genom Komplettes Erbgut eines Organismus oder einer Zelle. Die Genomik, das Studium von Genomen, befasst sich mit dessen Evolution, Funktion und Struktur. Das Genom muss sorgfältig überwacht werden, damit Fehler erkannt und korrigiert werden können. Dieser Prozess wird auch als Aufrechterhaltung der Genomintegrität bezeichnet.

Genotoxisch Eigenschaft von Chemikalien, die das Erbgut einer Zelle schädigen und Mutationen in der DNA hervorrufen. Genotoxische Chemikalien können Zellen abtöten oder Krankheiten wie Krebs auslösen.

Genotyp DNA-Sequenz einer Zelle oder Allele eines Organismus, die ein spezielles Charakteristikum (Merkmal oder Phänotyp) der Zelle oder des Organismus bestimmt bzw. bestimmen.

Keimzelle Zellen, aus denen Gameten (Eizellen und Spermien) für die geschlechtliche Fortpflanzung produziert werden. Keimzellen durchlaufen zuerst meiotische Zellteilungen und darauf einen Differenzierungsprozess, um reife Gameten zu erzeugen. Die Gameten enthalten die genetische Information, die auf die Folgegeneration vererbt wird.

mRNA (messenger-RNA, Boten-RNA) Kopie eines DNA-Abschnitts mit der Information für die Herstellung eines Proteins. Ein DNA-Strang eines Gens wird in eine mRNA transkribiert und diese wiederum in ein Protein translatiert. Die mRNA enthält die Information für die Synthese eines funktionalen Proteins.

Natürliche Selektion Prozess, durch den die Organismen sich am besten an ihre Umgebung anpassen und reproduzieren konnten. Die natürliche Selektion ist von entscheidender Bedeutung für Charles Darwins Evolutionstheorie.

Nukleotide Bausteine der DNA oder RNA. Die Nukleotidstränge nennt man Nukleinsäuren. In der DNA kommen die vier Nukleotide T, C, G und A vor, in der RNA die vier Ribonukleotide U, C, G und A. Nukleotide werden auch Basen genannt. DNA-Basen können gepaart werden, A mit T und C mit G.

Phänotyp Sichtbare Charakteristika oder Merkmale einer Zelle oder eines Organismus (zum Beispiel Form, Entwicklung, biochemische oder physiologische Eigenschaften oder besondere Verhaltensweisen). Der Phänotyp wird durch den Genotyp festgelegt.

Silencing (Stilllegung) Form der Genregulation, bei der die Expression ausgeschaltet wird. Da eine Zelle immer nur einen Bruchteil ihrer Gene verwendet, wird der Rest der Gene reprimiert oder gesilenct. Zellen besitzen Mechanismen, mit denen sie Gene zeitgenau aktivieren oder silencen können. Mithilfe von Silencing-Mechanismen kann man die Genexpression experimentell reduzieren oder auch Krankheiten behandeln.

Somatische Zellen Biologische Zellen, aus denen der wesentliche Teil des Körpers eines Organismus besteht. Der Mensch besitzt mehr als 200 Arten somatischer Zellen, die sämtliche Organe und Gewebe bilden. Somatische Zellen werden nicht an die Folgegeneration vererbt und unterscheiden sich von Keimzellen und Gameten.

Splicing Editierprozess der neu transkribierten mRNA, bei dem die Introns entfernt und die Exons zusammengefügt werden. Das Splicing erfolgt an Spliceosomen, großen Proteinkomplexen im Zytoplasma. Fusionieren beim Splicing verschiedene Exons miteinander, so lassen sich aus einem Gen verschiedene Proteine synthetisieren.

Transkription Prozess, bei dem genetische Information von DNA auf RNA übertragen wird. Daran beteiligt ist das Enzym RNA-Polymerase: Es erzeugt ein RNA-Polymer und verwendet dafür die DNA als Matrize. Bei einer Transkriptionsanalyse wird der RNA-Gehalt für jedes Gen einer Zelle bestimmt.

Transposon DNA-Sequenz, die ihre Position innerhalb eines Genoms verändern kann. Transposons werden manchmal auch als transposable Elemente oder springende Gene bezeichnet. Die Wissenschaftler haben gelernt, die Transposons zu ihrem Nutzen zu verwenden. Zum Beispiel wird das Transposon-System »Schlafende Schönheit« für gentechnisch erzeugte Genomveränderungen verwendet.

WAS IST EIN GEN?

30 Sekunden Genetik

3-SEKUNDEN-KONZENTRAT
Indem man in einem Organismus ein Gen gegen ein anderes austauscht, kann man eine sichtbare Veränderung erzeugen.

3-MINUTEN-GEDANKE
Ein Mensch hat genauso viele Gene in seinem Genom wie ein kleiner Fadenwurm. Zahlreiche lebende Arten, so die Maus, der Kugelfisch, der Rotklee, die Zwiebel oder der Weizen, haben mehr Gene als der Mensch. Die Komplexität der Lebensform wird daher nicht nur durch die Anzahl der Gene bestimmt.

Mithilfe der Gene können wir

manche Unterschiede zwischen uns Menschen erklären, zum Beispiel ob wir groß oder klein sind, braune oder blaue Augen haben, oder warum wir unseren Eltern ähneln. Wir alle haben von Mutter und Vater je die Hälfte ihrer und damit unserer Gene erhalten, sodass mit Ausnahme von eineiigen Zwillingen jeder von uns Menschen eine einzigartige Sammlung von Genen besitzt. Warum also hat eine Tochter das lockige Haar, das so typisch für ihren Vater ist? Weil sie das Gen für »lockiges Haar« von ihrem Vater erhalten hat und dieses Gen sich in der Regel dominant gegenüber dem rezessiven Gen »glattes Haar« verhält. Man kann Gene an Merkmalsunterschieden erkennen. Ein Gen entspricht einer eindeutigen DNA-Sequenz an definierter Stelle im Genom. Die Erforschung, auf welche Weise Gene sichtbare Merkmale beeinflussen, führte zu einer zweiten Definition des Wortes »Gen«: Ein Gen ist ein DNA-Abschnitt, der in eine RNA oder ein Protein mit einer bekannten Funktion umgeschrieben wird. Zum Beispiel ist das Keratin-Gen für die Produktion des Proteins Keratin in unserem Haar verantwortlich. Bei Mäusen, Hunden und Menschen lässt sich der Unterschied zwischen glattem Haar und lockigem Haar mit einer einzigen Mutation in der DNA-Sequenz des Keratin-Gens erklären.

VERWANDTE THEMEN
DIE DNA ALS TRÄGER DER GENETISCHEN INFORMATION
Seite 20

SPRINGENDE GENE
Seite 58

GENEXPRESSION
Seite 64

3-SEKUNDEN-BIOGRAFIEN
WILHELM JOHANNSEN
1857–1927
Dänischer Botaniker, der die Begriffe »Gen«, »Genotyp« und »Phänotyp« prägte

WILLIAM BATESON
1861–1926
Britischer Biologe, der den Begriff »Genetik« einführte

THOMAS HUNT MORGAN
1866–1945
Amerikanischer Biologe, der für seine Erkenntnisse zu Genen und ihrer Lage auf den Chromosomen mit dem Nobelpreis ausgezeichnet wurde

30-SEKUNDEN-TEXT
Virginie Courtier-Orgogozo

Unsere Gene sind für Haarfarbe, -dichte und viele andere Merkmale verantwortlich.

SPRINGENDE GENE

30 Sekunden Genetik

3-SEKUNDEN-KONZENTRAT

»Springende Gene« sind DNA-Sequenzen, die sich im Genom von Stelle zu Stelle bewegen oder springen können.

3-MINUTEN-GEDANKE

Transposable Elemente sind DNA-Sequenzen, die ihre Position im Genom verändern können. Sie machen etwa die Hälfte des menschlichen Genoms aus und sind wichtig für die Funktionsweise und die Evolution des Genoms. Sie können auch dazu genutzt werden, das Genom einer Zelle oder eines Organismus zu modifizieren.

Transposons oder »springende Gene« sind DNA-Sequenzen, die sich im Genom bewegen können. Barbara McClintock entdeckte die springenden Gene, als sie farbliche Veränderungen bei Maiskörnern untersuchte. Die Bewegung der Transposons geschieht auf zwei Arten: »Kopieren und Einfügen« (das Original verbleibt an seiner ursprünglichen und springt zusätzlich an eine neue Stelle) oder »Ausschneiden und Einfügen« (das Original springt an die neue Stelle). Die meisten Transposons sind inaktiv. Aktive Transposons können das Genom durcheinanderbringen und Mutationen, Krankheiten oder Veränderungen in der Aktivität benachbarter Gene verursachen. Transposons können aber auch die Evolution des Genoms vorantreiben, indem sie DNA-Abschnitte an neue Stellen im Genom bringen und so genetische Vielfalt erzeugen. Sie dienen Biologen als Hilfsmittel, um an beliebiger Stelle im Genom Mutationen zu erzeugen und Markierungen zu setzen. So können sie Gene identifizieren, die für bestimmte Merkmale verantwortlich sind. Außerdem benutzt man das Prinzip der springenden Gene, um DNA-Sequenzen ins Genom einzufügen. »Schlafende Schönheit« ist ein synthetisches DNA-Transposon aus einem Fischgenom, das 1997 von Forschern aus seinem Schlaf erweckt und optimiert wurde. Seitdem dient es zum Beispiel als Hilfsmittel bei der Gentherapie, um spezifische DNA-Sequenzen in die Genome von Wirbeltieren einzufügen.

VERWANDTE THEMEN

DIE DNA ALS TRÄGER DER GENETISCHEN INFORMATION
Seite 20

GENTHERAPIE
Seite 138

GENOMCHIRURGIE
Seite 152

3-SEKUNDEN-BIOGRAFIE
BARBARA MCCLINTOCK
1902–1992
Amerikanische Zytogenetikerin, die entdeckte, dass Gene sich auf einem Chromosom von Ort zu Ort bewegen können, und dafür 1983 mit dem Nobelpreis für Physiologie oder Medizin ausgezeichnet wurde

30-SEKUNDEN-TEXT
Matthew Weitzman

McClintocks Forschungen zu transposablen Elementen in Mais fand lange Zeit kaum Beachtung und wurde erst mehr als 30 Jahre nach ihren ersten Ergebnissen anerkannt.

SPLICING
30 Sekunden Genetik

3-SEKUNDEN-KONZENTRAT
Beim Splicing (Spleißen) werden die Introns aus der prä-mRNA entfernt und die Exons zu einer mRNA verbunden, aus der ein Protein hergestellt werden kann.

3-MINUTEN-GEDANKE
Die proteinkodierenden mRNAs sind viel kürzer als die DNA-Sequenzen der dazugehörigen Gene. In einigen Fällen besteht die prä-mRNA zu 90 Prozent aus Intron-Sequenzen, die erst entfernt werden müssen, um daraus die proteinkodierende mRNA zu bilden. Einige Gene haben nur ein oder zwei Introns, andere mehrere Dutzend. Die am Splicing beteiligten Enzyme identifizieren die Introns anhand bestimmter RNA-Sequenzen an deren Enden.

Die in der DNA-Sequenz der

Gene kodierte Information wird für die Produktion von Proteinen verwendet. Dabei ist der erste Schritt die Transkription der DNA-Sequenz eines Gens in ein mRNA-Molekül. Vor einigen Jahrzehnten fand man heraus, dass die meisten Gene von Tieren und Pflanzen »geteilt« sind: Einige Abschnitte enthalten Informationen für die Proteinsynthese, andere nicht. Zwischen den proteinkodierenden Bereichen, den Exons, liegen lange Sequenzen ohne Proteininformationen, die Introns. Die von einem Gen zuerst transkribierte mRNA (prä-mRNA) enthält sämtliche Exon- und Intronsequenzen. Beim Splicing (Spleißen) werden jedoch die Introns entfernt und die Exons in der richtigen Reihenfolge miteinander verbunden. Man kann sich eine prä-mRNA als eine Mischung aus sinnvollen Worten (Exons) und Kauderwelsch (Introns) vorstellen. Beim Splicing der fiktiven prä-mRNA »soicmsprechenqtrncdbgene« wird das Kauderwelsch herausgeschnitten und die sinnvollen Wörter zur fertigen Botschaft »so-sprechen-gene« zusammengefügt. Beim alternativen Splicing werden die Exons einer prä-mRNA auf unterschiedliche Weise miteinander kombiniert, sodass von ein und demselben Gen verschiedene mRNA-Versionen und damit auch verschiedene Proteine erzeugt werden. Das Splicing erfolgt äußerst präzise, und so werden ausschließlich Intronsequenzen aus der prä-mRNA entfernt.

VERWANDTE THEMEN
DAS ZENTRALE DOGMA
Seite 28

WAS IST EIN GEN?
Seite 56

GENEXPRESSION
Seite 64

3-SEKUNDEN-BIOGRAFIEN
RICHARD ROBERTS
geb. 1943
Britischer Biochemiker, der mit Phillip Sharp entdeckte, dass Gene meist Exons und Introns enthalten

PHILLIP SHARP
geb. 1944
Amerikanischer Molekularbiologe, der mit Richard Roberts das Konzept der »split genes« (geteilte Gene) entwickelte

THOMAS CECH
geb. 1947
Biologe aus den USA und Nobelpreisträger für seine Arbeiten über selbstsplicende RNA

30-SEKUNDEN-TEXT
Mark Sanders

Fehler beim Splicing können genetische Krankheiten und Krebs verursachen.

Exon   Intron

X

GENOTYP & PHÄNOTYP

30 Sekunden Genetik

Die Organismen einer Population

unterscheiden sich meist voneinander, und diese Verschiedenheit lässt sich in der Regel auf genetische Variationen zurückführen. Der Genotyp eines Individuums beschreibt seine genetische Zusammensetzung, sowohl für ein einziges Gen als auch für das gesamte Genom. Die meisten Tiere besitzen maximal zwei Versionen (oder Allele) eines Gens. Die Verteilung der Allele ist bei jedem Individuum einzigartig und dient deshalb als genetischer Fingerabdruck. Nur eineiige Zwillinge haben denselben Genotyp. Doch selbst sie unterscheiden sich in Details voneinander, die auf Variationen nach der Empfängnis zurückzuführen sind. Als Phänotyp bezeichnet man die sichtbaren oder messbaren Merkmale eines Individuums, etwa die Augenfarbe oder die Körpergröße. Zum Beispiel wird bei Erbsenpflanzen das Merkmal weiße Blüten (der Phänotyp) durch den Genotyp pp festgelegt, das Merkmal violette Blüten durch den Genotyp PP oder Pp. Identische Genotypen erzeugen bei zwei Individuen zwar meist denselben Phänotyp, doch das ist nicht immer der Fall, weil der Phänotyp auch von den Wechselwirkungen zwischen Genotyp und Umgebung bestimmt wird.

VERWANDTE THEMEN
GENE & UMGEBUNG
Seite 78

ZWILLINGE
Seite 92

DER GENETISCHE
FINGERABDRUCK
Seite 120

3-SEKUNDEN-KONZENTRAT
Der Genotyp eines Individuums bestimmt dessen Phänotyp über Interaktionen mit dem restlichen Genom und mit der Umgebung.

3-MINUTEN-GEDANKE
Der Genotyp (G) für ein bestimmtes Gen führt nicht immer zum selben Phänotyp (P). Letzterer beruht vielmehr auf den Interaktionen des entsprechenden Allels mit anderen Allelen im Genom, die den Phänotyp abschwächen oder verstärken können. Auch die Umgebung (U) hat einen starken Einfluss auf die Expression des Genotyps. Die Zusammenhänge lassen sich in eine Formel fassen: $G + U + G{\times}U \longrightarrow P$ (G = Genotyp, U = Umgebung und G×U = Interaktionen zwischen beiden).

3-SEKUNDEN-BIOGRAFIE
WILHELM JOHANNSEN
1857–1927
Dänischer Botaniker, der als Erster die Begriffe Phänotyp und Genotyp verwendete

30-SEKUNDEN-TEXT
Reiner Veitia

Jedes Individuum hat seinen eigenen Genotyp. Die einzige Ausnahme bilden eineiige Zwillinge, deren Genotyp praktisch identisch ist, auch wenn sich ihr Aussehen (der Phänotyp) leicht unterscheiden kann.

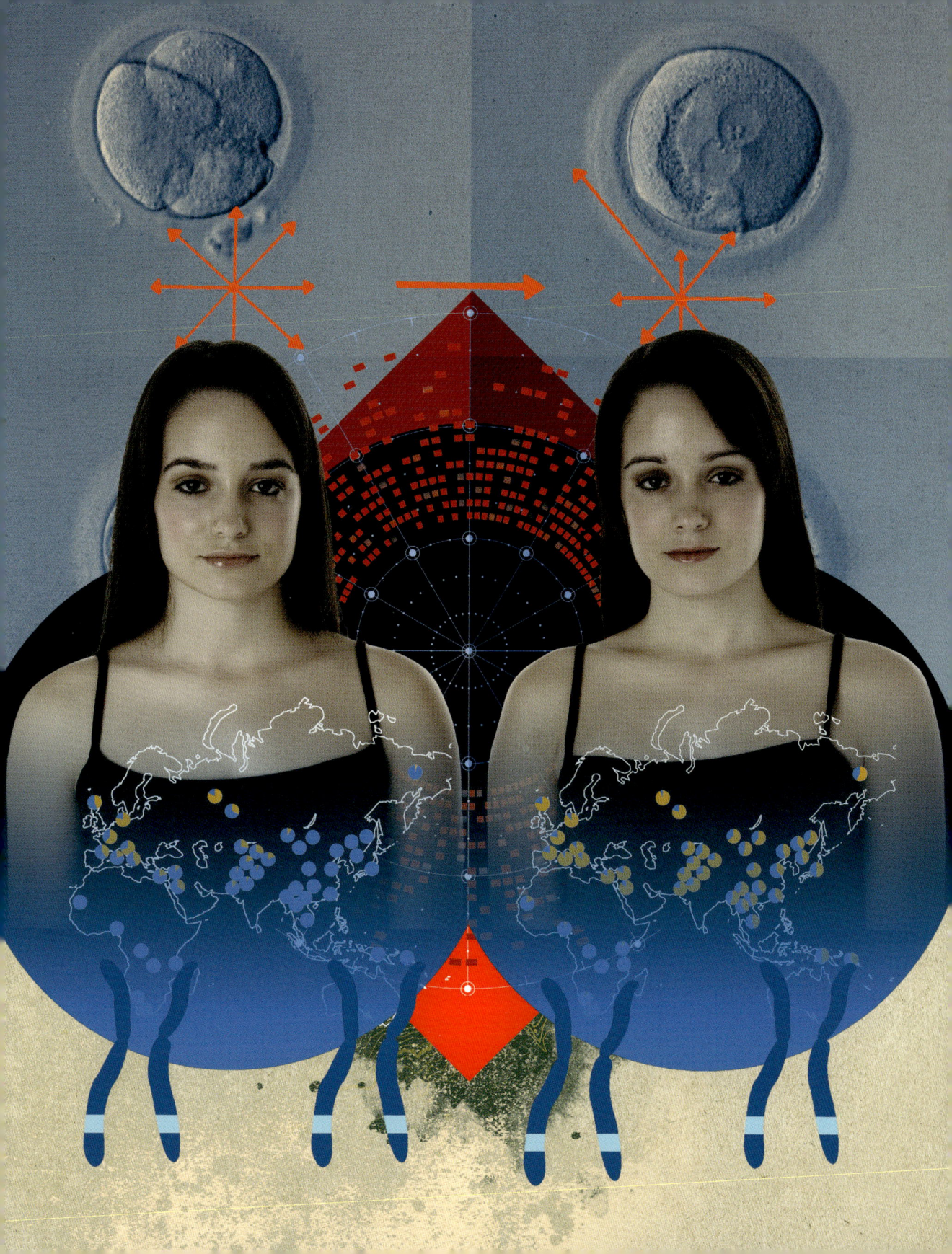

GENEXPRESSION
30 Sekunden Genetik

Obwohl die Körperzellen des

Menschen mit wenigen Ausnahmen aus derselben DNA bestehen, gibt es mehr als 200 unterschiedliche Arten von somatischen Zellen mit spezifischen biologischen Funktionen. Die DNA enthält alle erforderlichen Informationen für die Produktion von mehr als 25 000 Proteinen, aber jede Zelle synthetisiert stets nur diejenigen, die sie gerade benötigt. Um ein Protein herstellen zu können, muss eine Zelle die genetische Information der DNA in mRNA »transkribieren« und diese dann in eine Polypeptidkette »translatieren«. Biologen bezeichnen aktive (»eingeschaltete«) Gene als exprimiert, inaktive (»ausgeschaltete«) als reprimiert. Jedem Gen ist ein Promotor vorgelagert. Promotoren sind DNA-Sequenzen, die wie Schalter funktionieren und die Transkription eines Gens zulassen oder nicht. Mithilfe verschiedener Regulationsmechanismen stellt die Zelle sicher, dass die richtigen Promotoren-Schalter zur richtigen Zeit betätigt werden. So gibt es Proteine, die sich an Promotoren binden und die Menge der transkribierten mRNA-Moleküle regulieren. Zellen können die Genexpression auch kontrollieren, indem sie bestimmen, wie schnell eine mRNA wieder abgebaut wird.

3-SEKUNDEN-KONZENTRAT
Eine Zelle exprimiert immer nur einen Bruchteil ihrer Gene und reguliert zu jedem Zeitpunkt ihre Proteinzusammensetzung.

3-MINUTEN-GEDANKE
Heute stehen den Forschern raffinierte Methoden zur Verfügung, um die Expressionsniveaus von Tausenden Genen gleichzeitig zu bestimmen. Mithilfe von Genexpressionsanalysen lassen sich Vorhersagen über die Identität einer Zelle und die Funktion von Genen treffen, die zeitgleich exprimiert werden. Lebensnotwendige Gene werden in fast allen Zellen exprimiert, andere Gene dagegen nur in sehr spezialisierten Geweben.

VERWANDTE THEMEN
DAS ZENTRALE DOGMA
Seite 28

WAS IST EIN GEN?
Seite 56

GENOTYP & PHÄNOTYP
Seite 62

3-SEKUNDEN-BIOGRAFIEN
JACQUES MONOD
1910–1976
Französischer Genetiker, der beim Studium der bakteriellen Genrepression herausfand, wie Gene exprimiert werden

ROGER KORNBERG
geb. 1947
Amerikanischer Biochemiker, der die molekularen Grundlagen der eukaryotischen Transkription erarbeitete

30-SEKUNDEN-TEXT
Jonathan Weitzman

Wärmekarten wie diese zeigen, welche Gene exprimiert und welche reprimiert werden.

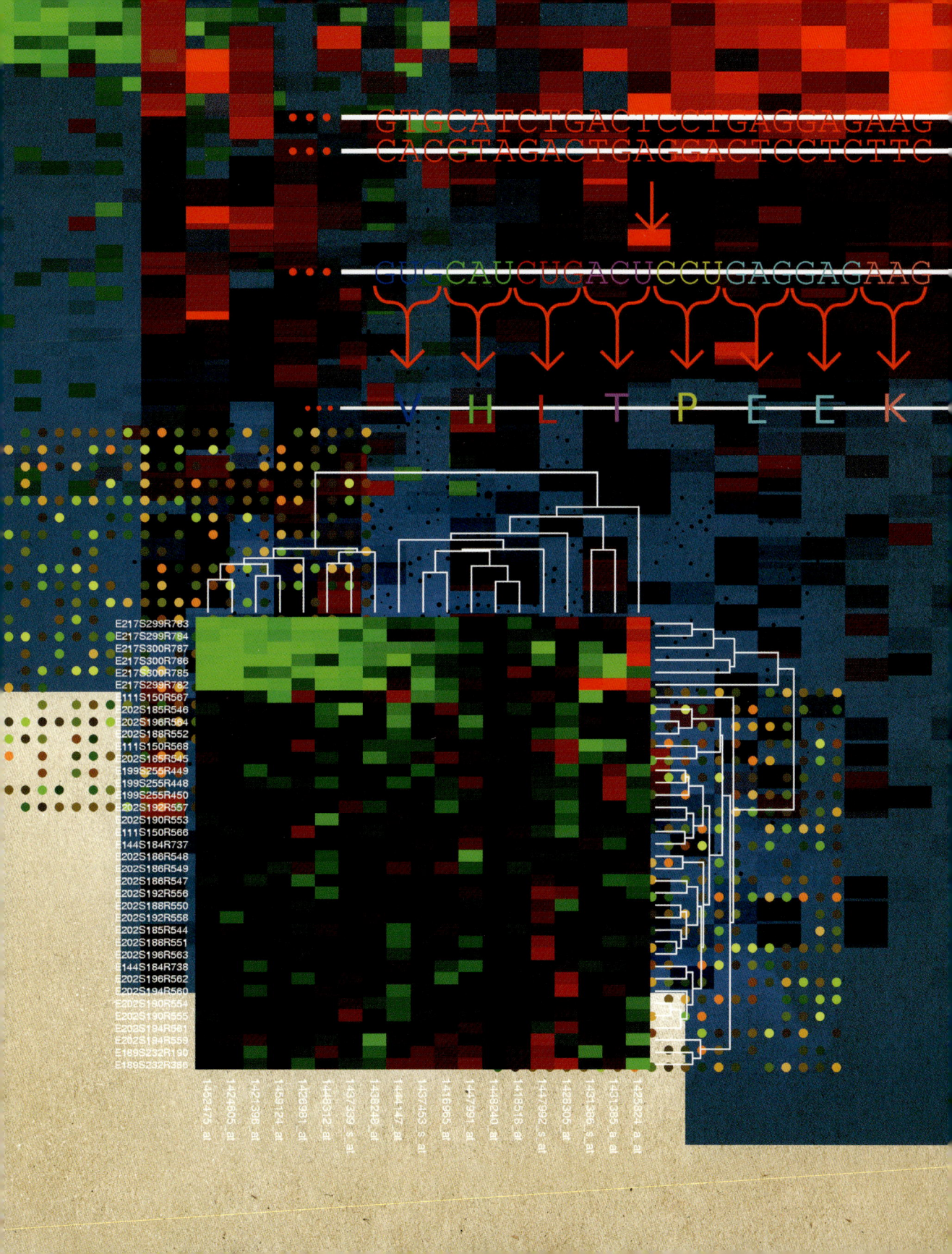

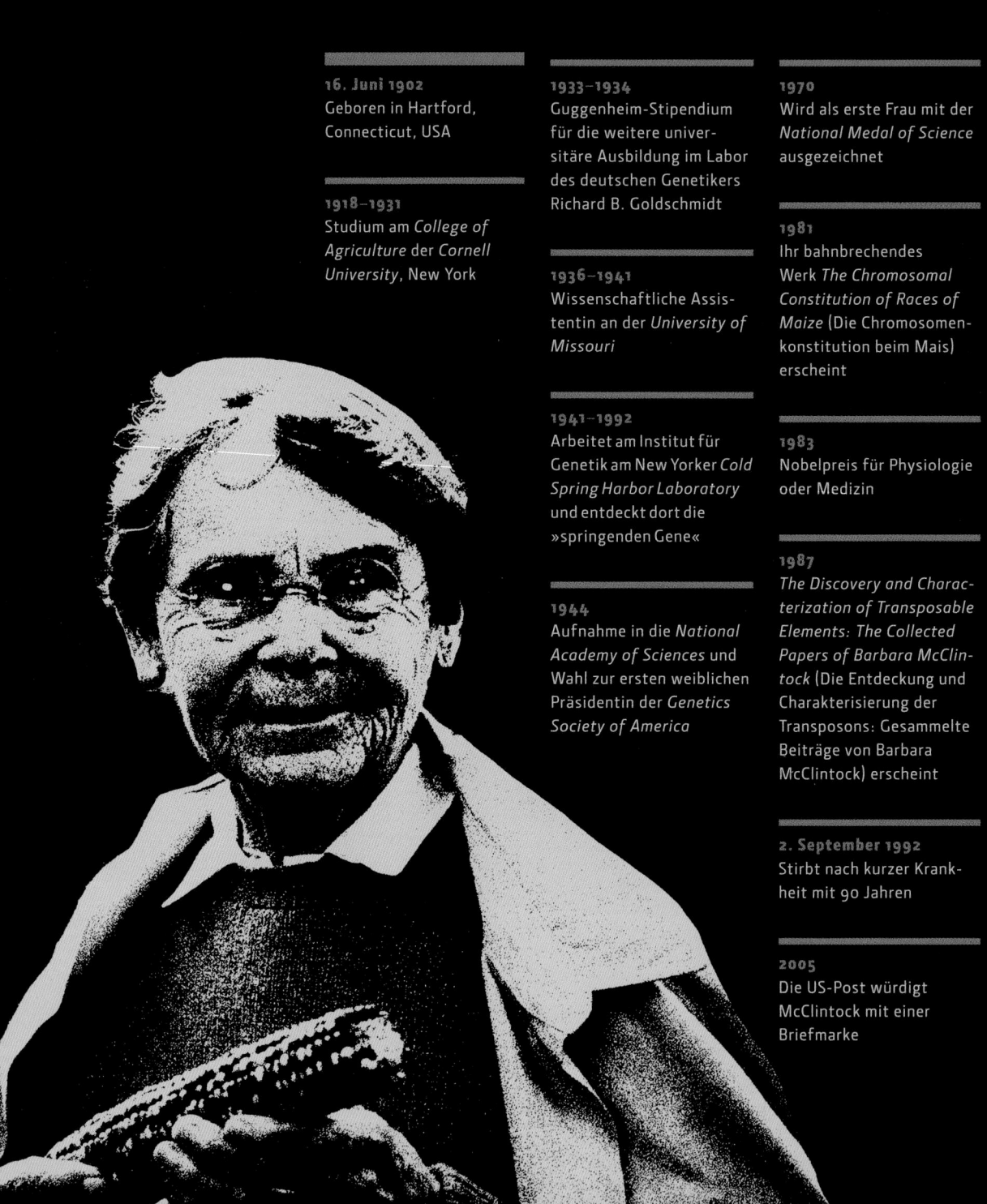

16. Juni 1902
Geboren in Hartford,
Connecticut, USA

1918–1931
Studium am *College of
Agriculture* der *Cornell
University*, New York

1933–1934
Guggenheim-Stipendium
für die weitere univer-
sitäre Ausbildung im Labor
des deutschen Genetikers
Richard B. Goldschmidt

1936–1941
Wissenschaftliche Assis-
tentin an der *University of
Missouri*

1941–1992
Arbeitet am Institut für
Genetik am New Yorker *Cold
Spring Harbor Laboratory*
und entdeckt dort die
»springenden Gene«

1944
Aufnahme in die *National
Academy of Sciences* und
Wahl zur ersten weiblichen
Präsidentin der *Genetics
Society of America*

1970
Wird als erste Frau mit der
National Medal of Science
ausgezeichnet

1981
Ihr bahnbrechendes
Werk *The Chromosomal
Constitution of Races of
Maize* (Die Chromosomen-
konstitution beim Mais)
erscheint

1983
Nobelpreis für Physiologie
oder Medizin

1987
*The Discovery and Charac-
terization of Transposable
Elements: The Collected
Papers of Barbara McClin-
tock* (Die Entdeckung und
Charakterisierung der
Transposons: Gesammelte
Beiträge von Barbara
McClintock) erscheint

2. September 1992
Stirbt nach kurzer Krank-
heit mit 90 Jahren

2005
Die US-Post würdigt
McClintock mit einer
Briefmarke

BARBARA MCCLINTOCK

Barbara McClintock wurde 1902 in Hartford im US-Bundesstaat Connecticut geboren. Schon als kleines Mädchen war sie sehr unabhängig und entwickelte so bereits früh die Eigenschaft, die sie später als »Fähigkeit, allein zu sein« bezeichnete. Zu einer Zeit, als nur wenige Frauen überhaupt eine Hochschule besuchten, wollte sie unbedingt Naturwissenschaften studieren. McClintock war eine eifrige Sportlerin und begann ihre wissenschaftliche Karriere als Studentin an der *Cornell University*, wo sie 1923 ihren ersten Abschluss als *Bachelor of Science* in Botanik machte. Schon bald konzentrierte sie sich ganz auf die Struktur und Funktion der Chromosomen von Maispflanzen.

Im Laufe ihrer jahrzehntelangen Forschungstätigkeit identifizierte McClintock viele ungewöhnliche Eigenschaften von Mais-Chromosomen. Am bekanntesten aber ist sie für die Entdeckung von DNA-Abschnitten, die sich von einer Stelle in einem Chromosom zu einer anderen bewegen können – der sogenannten Transposons oder auch »springenden Gene«.

Bei einem ihrer Mais-Stämme fiel ihr eine Stelle in einem Chromosom auf, an der es auffällig häufig zu Brüchen kam. McClintock nannte sie mutable Stelle. Sie entdeckte, dass dies zu gesprenkelten Körnern führen kann. McClintock untersuchte die gesprenkelten Maiskörner und deren Chromosomen und fand heraus, dass sich die mutable Stelle von einer Stelle auf dem Chromosom zu einer anderen bewegen konnte. Sie war ein Transposon.

Als McClintock 1951 die Existenz von Transposons vorschlug, reagierten viele ihrer Kollegen mit großer Skepsis, denn sie konnten sich nicht mit der Idee von häufigen Umlagerungen in der DNA anfreunden. Sie waren der Überzeugung, das genetische Material müsse von dauerhafter Natur sein und eine bleibende Struktur haben. In den folgenden Jahrzehnten erkannte die wissenschaftliche Gemeinschaft jedoch, dass Transposons ein weit verbreitetes Phänomen sind.

Barbara McClintock verbrachte gern Zeit allein und untersuchte stundenlang Mais-Chromosomen unter dem Mikroskop. Doch sie war nicht nur technisch versiert, sondern verfügte auch über beeindruckende theoretische Kenntnisse, die sie althergebrachte Wahrheiten in Frage stellen ließen. Wie Gregor Mendel oder Charles Darwin war sie ihrer Zeit deutlich voraus. 1983, mehr als 30 Jahre nach der Veröffentlichung ihrer Beobachtungen, wurde McClintock für die Entdeckung der »mobilen genetischen Elemente« mit dem Nobelpreis für Physiologie oder Medizin ausgezeichnet. Sie war damit die erste Frau, die den Preis allein erhielt. Zu ihren zahlreichen weiteren Ehrungen gehört die *National Medal of Science*, die sie 1970 aus den Händen von Präsident Nixon empfing. Außerdem wurde sie 1989 als ausländisches Mitglied in die britische *Royal Society* aufgenommen.

McClintock starb am 2. September 1992 eines natürlichen Todes in Huntington, USA. Sie wurde 90 Jahre alt.

Robert Brooker

MUTATIONEN & POLYMORPHISMEN

30 Sekunden Genetik

Das gesamte Erbgut eines Orga-
nismus erfährt Veränderungen durch Mutationen.
Zu den kleinen gehören die Addition oder Deletion
eines einzelnen oder ein paar weniger DNA-Basen-
paare, zu den großen die Duplikation oder der Verlust
eines Chromosomenabschnitts und die Veränderung
der Chromosomenzahl oder -struktur. Mutationen
können sowohl in Gameten (beim Menschen Spermien oder Eizellen) als auch in somatischen Zellen
(Zellen der Körpergewebe) auftreten, sind jedoch
selten. So mutiert beim Menschen im Laufe eines
durchschnittlichen Zellteilungszyklus nur eine von
einer Million Basen. Mutationen können spontan
auftreten oder durch Umweltfaktoren wie chemische oder Strahlenbelastungen induziert werden.
Mutationen sind aber auch von vitaler Bedeutung, da
dabei vererbbare genetische Variationen entstehen –
die Grundlage evolutionärer Veränderungen. Eine
genetische Variation bezeichnet man als »Mutante«,
wenn sie in einer Population seltener als einmal pro
Hundert Individuen vorkommt. Steigt im Laufe der
Evolution die Auftretenshäufigkeit einer Mutante auf
über ein Prozent, spricht man von einem »Polymor-
phismus« (Vielgestaltigkeit). Gibt es an einem Locus
zwei oder mehr polymorphe Allele, so ist dies meist
das Resultat einer oder mehrerer weit zurückliegender
Mutationen. Die mutanten Allele wurden im Laufe
der Evolution weitergegeben, was zu einer Steigerung
der Auftretenshäufigkeit führte.

*Die verblüffende
Vielfalt des Lebens auf
der Erde ist das direkte
Ergebnis genetischer
Mutationen.*

DNA-SCHÄDEN & REPARATUR

30 Sekunden Genetik

Die DNA ist permanenten An-
griffen von innerhalb und außerhalb des Körpers
ausgesetzt. Somit müssen Zellen das Genom mit
aller Kraft intakt halten. Die DNA kann durch re-
aktive Metabolite, Oxidation, Strahlung, genotoxische
Chemikalien, ultraviolettes Licht oder auch bei der
Replikation beschädigt werden, was sich oft negativ
auf die grundlegenden zellulären Prozesse auswirkt.
Die verursachten Mutationen können einzelne Gene
betreffen oder mit chromosomalen Umlagerungen
verbunden sein, die die strukturelle Integrität des
Genoms beeinträchtigen. Somit müssen die Zellen
DNA-Schäden erkennen und reparieren können, um
die Ordnung im Genom aufrechtzuerhalten. Ein komplexer Protein-Apparat überwacht pausenlos das
Genom und repariert DNA-Schäden. Dabei machen
spezielle Sensor-Proteine die Zelle auf DNA-Schäden
aufmerksam. Ihre Signale rekrutieren Enzyme, die die
beschädigten DNA-Abschnitte entfernen. Je nach
Art der Beschädigung werden dafür unterschiedliche
Enzyme und Reparaturwege ausgewählt. Einige
Erbkrankheiten werden von Mutationen in Genen
verursacht, die DNA-Reparaturenzyme kodieren.
Ein defekter oder inaktiver Reparaturweg führt zu
genomischer Instabilität und schließlich zu Krebs. Die
Krebszellen sind jedoch auf die ihnen verbliebenen
DNA-Reparaturwege angewiesen, und dies macht sie
anfällig für Medikamente, die auf diese intakten Re-
paraturwege abzielen.

3-SEKUNDEN-KONZENTRAT
Das menschliche Genom
ist ständigen Angriffen
ausgesetzt Eine kom-
plexe Protein-Maschinerie
untersucht die DNA auf
Schädigungen und bewahrt
die genomische Integrität.

3-MINUTEN-GEDANKE
Jeden Tag treten im Genom
des Menschen potenziell
verheerende Schäden zu
Tausenden auf. Eine kom-
plexe zelluläre Maschinerie
erkennt und repariert
die beschädigte DNA.
Nicht reparierte Schäden
können zu Mutationen und
genetischer Instabilität
führen und dies wiederum
zu lebensbedrohlichen
Krankheiten wie Krebs,
Neurodegeneration oder
auch vorzeitigem Altern.

VERWANDTE THEMEN
DER ZELLZYKLUS
Seite 48

MUTATIONEN &
POLYMORPHISMEN
Seite 68

KREBSGENETIK
Seite 112

3-SEKUNDEN-BIOGRAFIEN
HERMANN MULLER
1890–1967
Amerikanischer Genetiker, der
entdeckte, dass Röntgenstrahlen
Zellen mutieren und abtöten

RENATO DULBECCO
1914–2012
Amerikanischer Virologe italienischer Herkunft, der erkannte,
dass bestimmte Enzyme DNA-
Schäden reparieren können

TOMAS LINDAHL
geb. 1938
Schwedischer Krebsforscher
und Entdecker der für die
Basenexzisionsreparatur verantwortlichen Proteine

30-SEKUNDEN-TEXT
Matthew Weitzman

UV-Licht und Tabak-
rauch können der DNA
Schaden zufügen.

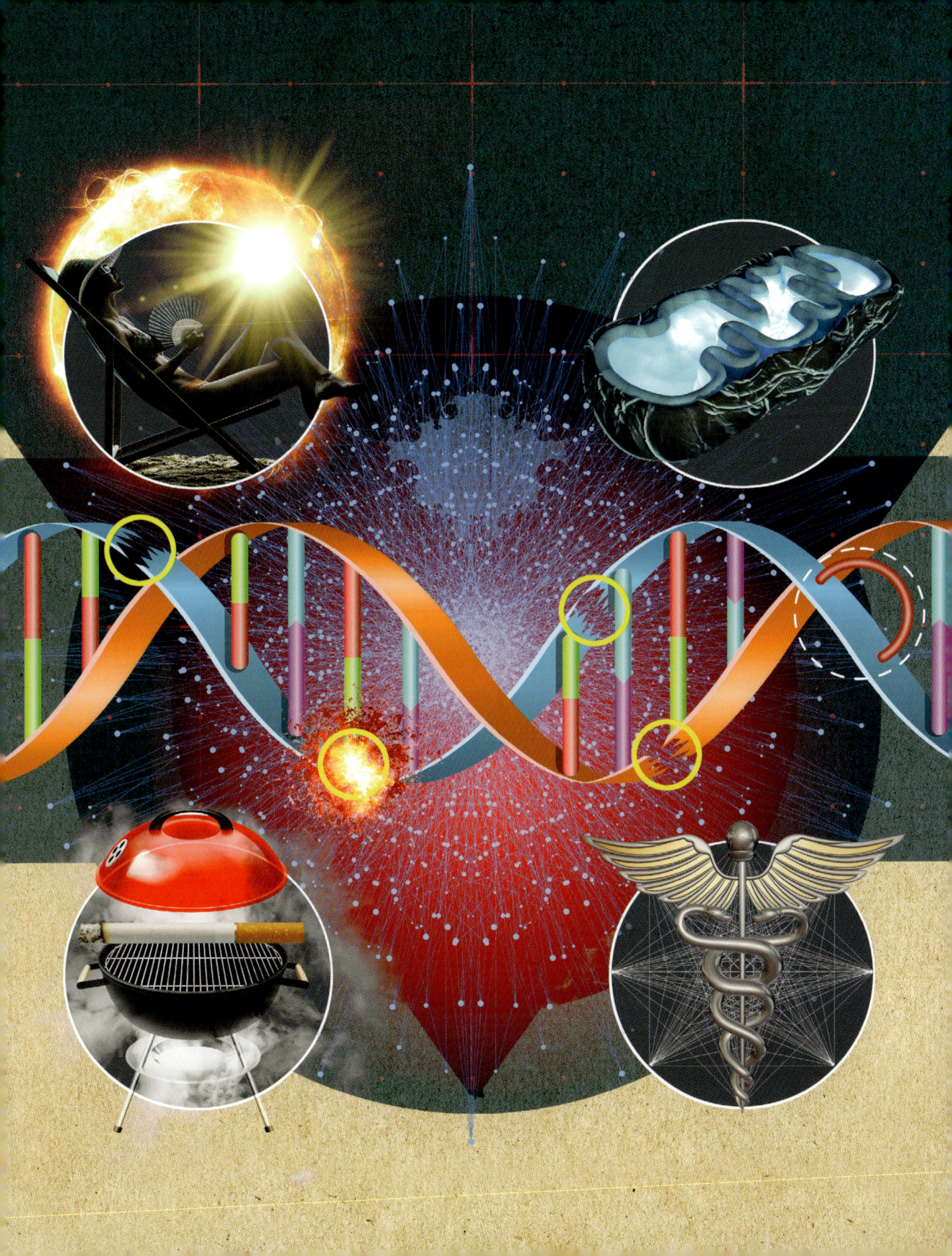

DIE GENOM-ARCHITEKTUR

30 Sekunden Genetik

3-SEKUNDEN-KONZENTRAT
Die räumliche Organisation des Genoms ist nicht zufällig. Seine Architektur ermöglicht die effiziente Verpackung des genetischen Materials auf kleinem Raum und ist der Genexpression sowie anderen Genomfunktionen förderlich.

3-MINUTEN-GEDANKE
Die Genomarchitektur ist dynamisch: Die Chromosomenstruktur verändert sich, Regionen falten und entfalten sich während des Zellzyklus, gesteuert von Proteinen, die sich an bestimmte DNA-Sequenzen binden. Strukturgebende Proteine fördern die Chromatinfaltung und ermöglichen so Interaktionen über weite Distanzen. Regulatorische Elemente legen fest, wann und wo Gene exprimiert werden. Die Chromosomenorganisation im Zellkern bestimmt die Verwendung genetischer Information durch die Zelle.

In einer Säugetierzelle sind zwei

Meter DNA in einen Zellkern verpackt, dessen Durchmesser nur wenige Tausendstel Millimeter beträgt – aber nicht nach dem Zufallsprinzip, sondern regelmäßig. Physikalische Wechselwirkungen innerhalb oder zwischen Chromosomen haben wichtige Funktionen bei der Genregulation, der DNA-Replikation und der Aufrechterhaltung der genomischen Stabilität. Die Genomarchitektur kann dabei sowohl Ursache als auch Folge sein. In der ersten Verpackungsstufe wickelt sich die DNA um bestimmte Proteine und bildet eine Art Faser, das Chromatin. In der zweiten Stufe faltet sich das Chromatin und bildet dabei Schlaufen, die aus wenigen Tausend bis mehreren Hunderttausend Nukleotiden bestehen. Diese Schlaufen sind wichtig für die Genregulation, doch wie genau sie gebildet werden und welchen Einfluss sie auf die Gene ausüben, ist noch unerforscht. Man findet sie bei Fliegen, Bakterien sowie zahlreichen anderen Organismen. Die Chromosomen gliedern sich in »aktive« und »inaktive« Chromatin-Domänen. Genomabschnitte nahe der Kernmembran sind meist reprimiert (inaktiv), während in der Mitte des Kernplasmas gelegene Abschnitte aktive Gene enthalten. Bereits vor mehr als einem Jahrhundert erkannten Biologen einzelne Chromatinregionen. Dank moderner Technologien weiß man heute, dass die Genomarchitektur eine Art Gerüst für die Genomaktivität und die DNA-Replikation bildet.

VERWANDTE THEMEN
DER ZELLKERN
Seite 36

CHROMOSOMEN & KARYOTYPEN
Seite 38

CHROMATIN & HISTONE
Seite 86

3-SEKUNDEN-BIOGRAFIEN
CARL RABL
1853–1917
Österreichischer Anatom, der 1885 als Erster vorschlug, dass die Chromosomen im Zellkern in Regionen organisiert sind

THEODOR BOVERI
1862–1915
Deutscher Biologe, der 1909 den Begriff »Chromosomengebiet« prägte

30-SEKUNDEN-TEXT
Edith Heard

Genetiker sind noch immer bemüht herauszufinden, wie genau die Genomarchitektur die Aktivität der Gene beeinflusst.

EPIGENETIK

EPIGENETIK
GLOSSAR

Aktives oder stillgelegtes Gen Mittels der Genaktivität wird bestimmt, welche genetische Information wann in einer Zelle verwendet wird. Zellen benutzen stets nur einen Teil ihrer Gene für biologische Funktionen. Die Gene sind entweder aktiv – werden in mRNA transkribiert – oder stillgelegt – ihre Transkription wird reprimiert und keine mRNA hergestellt.

Diskordanz Diskrepanz zwischen Genotyp und Phänotyp, so bei Zwillingen, die trotz identischen Genoms unterschiedliche Merkmale ausbilden. Diskordanz bei Krankheiten eineiiger Zwillinge ermöglicht es, den Einfluss von Umweltfaktoren auf den Phänotyp besser einzuschätzen.

DNA-Methylierung Modifikation der DNA durch Addition einer Methylgruppe (ein Kohlenstoffatom mit drei gebundenen Wasserstoffatomen). DNA-Methylierungen verändern die Funktion der DNA, nicht aber ihre Sequenz. Die meisten DNA-Methylierungen erfolgen an Cytosin-Basen und führen zu reduzierter Genexpression.

Enzym Protein, das als biologischer Katalysator fungiert und chemische Reaktionen in der Zelle beschleunigt. Die meisten zellulären Stoffwechselvorgänge sind auf Enzyme angewiesen. Enzyme können auch die Funktion von Proteinen verändern oder DNA kopieren. Das Studium der Enzyme nennt man Enzymologie.

Epigenetik Studium der Beziehung zwischen Genotyp und Phänotyp und der phänotypischen Effekte, die nicht auf Veränderungen der DNA-Sequenz beruhen. Der Begriff wurde in den 1940er-Jahren von Conrad Waddington geprägt und bezog sich auf »den Forschungszweig der Biologie, der sich mit den kausalen Interaktionen zwischen den Genen und ihren Produkten beschäftigt, die den Phänotyp hervorrufen.« Eine moderne Definition lautet »Studium der vererbbaren Veränderungen der Genomfunktion, die ohne eine Veränderung der DNA-Sequenz erfolgen.«

Epigenetische Modifikationen Modifikationen der DNA oder der an die DNA gebundenen Proteine, die die Genomfunktion beeinflussen, ohne Veränderung der DNA-Sequenz. Dazu gehören DNA-Methylierungen oder Histon-Modifikationen, etwa durch Methylierung oder andere chemische Veränderungen. Epigenetische Modifikationen können die Genexpression stark beeinflussen und die Repression bestimmter Gene bewirken. Letzteres nennt man epigenetisches Silencing.

Epigenom Gesamtheit aller epigenetischen Ereignisse eines Organismus oder einer Zelle, darunter DNA-Methylierungen und Histon-Modifikationen. Das Epigenom beeinflusst die Chromatinstruktur und die Genomfunktion. Im Gegensatz zum relativ stabilen Genom kann sich das Epigenom mit der Zeit dynamisch verändern und auch durch die Umgebung umgestaltet werden.

Eukaryot Organismus aus einer oder vielen Zellen mit Zellkern und Zytoplasma. Lebende Zellen ohne Zellkern wie Bakterien nennt man Prokaryoten.

Gendosis Anzahl der Kopien eines Gens in einem Genom. Die meisten Gene kommen in zwei Kopien vor. Ausnahmen bilden eine Anzahl von Genen bei Männern, die nur je eine Kopie des Y- und des X-Chromosoms besitzen. Bei Frauen liegt dagegen das X-Chromosom in zwei Kopien vor, sodass eine Ungleichheit der Gendosis zwischen den Geschlechtern entsteht. Die Gendosis kann auch mit Krankheiten verbunden sein, etwa bei Chromosomendeletionen oder einer zusätzlichen Kopie eines Chromosoms (Trisomie).

Genotyp und Phänotyp Der Genotyp bezieht sich auf die DNA-Sequenz einer Zelle oder eines Organismus, die ein bestimmtes Charakteristikum (Merkmal oder Phänotyp) festlegt.

Histone Familie kleiner Proteine, die in eukaryotischen Zellen an die DNA gebunden sind. Viele Histone bilden kugelförmige Proteinkomplexe, sogenannte Nukleosomen. Das Verpacken der DNA durch die Histone trägt zur Genomorganisation und Genregulation bei. Die DNA und die mitgebundenen Proteine werden zusammen als Chromatin bezeichnet.

Nukleosom Grundeinheit der DNA-Verpackung in Eukaryoten. Ein Nukleosom besteht aus DNA, die um eine Kugel aus acht Histon-Proteinen gewickelt ist. Unter dem Elektronenmikroskop ähnelt das Nukleosom einer Schnur mit Perlen.

Pronukleus (Pl. Pronuklei) Kern eines Spermiums oder einer Eizelle. Jeder Pronukleus trägt einen einfachen Chromosomensatz. Im Zellkern der befruchteten Zelle werden die beiden einfachen Chromosomensätze der Pronuklei zu einem doppelten Chromosomensatz kombiniert.

Pyrimidine und Purine Zirkuläre Verbindungen mit Ringen aus zwei Stickstoff- und vier Kohlenstoffatomen. In der DNA sind zwei der Basen Pyrimidin-Strukturen: Cytosin (C) und Thymin (T). Sie paaren sich mit den beiden anderen Basen Guanin (G) und Adenin (A), die eine ähnliche Struktur besitzen und als Purine bezeichnet werden.

Telomer Spezielle Struktur an den Enden der Chromosomen. Eukaryotische Zellen benötigen das Enzym Telomerase, um die Telomere nach jeder Zellteilung zu stabilisieren.

X- und Y-Chromosom Spezialisierte Chromosomen, die über das Geschlecht entscheiden. Beim Menschen haben Frauen zwei X-Chromosomen, Männer ein X- und ein Y-Chromosom.

GENE & UMGEBUNG

30 Sekunden Genetik

3-SEKUNDEN-KONZENTRAT
Die genetischen Informationen wirken sich auf die Ausbildung von Merkmalen (Phänotypen) aus, die Signale der Umgebung auf die Umsetzung des genetischen Programms.

3-MINUTEN-GEDANKE
Die humane Erbkrankheit Phenylketonurie (PKU) ist ein gutes Beispiel für das Zusammenspiel von Genen und Umgebung. Die meisten Menschen haben zwei funktionale Kopien des Gens für das Enzym Phenylalanin-Hydroxylase geerbt, bei einigen aber sind beide defekt. Sie leiden an PKU. Ernähren sich PKU-Patienten als Kinder wie üblich, sind eine schwere geistige Behinderung, Zahnschädigungen und faul riechender Urin die Folge. Hält sich dagegen die Aufnahme von Phenylalanin über die Nahrung im Kindesalter in engen Grenzen, bleiben sie beschwerdefrei.

Zur Umgebung zählen sämtliche

Einflüsse, die aus dem direkten Umfeld auf einen Organismus oder eine Zelle einwirken. Wenn man im Garten eine Blume pflanzt, zeigt sich schnell, wie wichtig die Umgebung für ihr Gedeihen ist: Tut man es an der richtigen Stelle und umsorgt man die Blume entsprechend, treibt sie Blüten, während eine falsche Umgebung wie zu große Hitze oder Kälte sich verheerend auswirken kann. Wie das Dasein eines jeden lebenden Organismus, so wird auch dasjenige von Blütenpflanzen durch Gene und Umgebung bestimmt. Beide Komponenten sind für das Leben auf der Erde unverzichtbar. Dabei enthalten Gene die Informationen zur Ausbildung von Merkmalen, während die Umwelt Nährstoffe und Energie beisteuert, die ihrerseits Einfluss auf die Merkmale des betreffenden Organismus haben. So besitzen Pflanzen Gene für Proteine, die bestimmte Stoffe miteinander verbinden, sodass sich in Früchten und Blüten bunte Pigmente bilden. Die Ausgangsstoffe für die Herstellung der Pigmente beziehen die Pflanzen jedoch aus ihrer Umgebung, zum Beispiel aus dem Regenwasser und dem Boden. Außerdem sind sie auf genügend Sonnenlicht angewiesen, um die notwendige Menge ATP für die Produktion der Pigmente zu generieren. In Kurzfassung: Die Umwelt hat einen entscheidenden Einfluss auf die Ausbildung des Phänotyps aus dem Genotyp.

VERWANDTE THEMEN
WAS IST EIN GEN?
Seite 56

GENOTYP & PHÄNOTYP
Seite 62

DOMINANTE & REZESSIVE ERBKRANKHEITEN
Seite 104

3-SEKUNDEN-BIOGRAFIE
ROBERT GUTHRIE
1916–1995
Amerikanischer Mikrobiologe und Entwickler des Guthrie-Tests, mit dem Neugeborene auf PKU getestet werden können

30-SEKUNDEN-TEXT
Robert Brooker

Die Umgebung spielt eine entscheidende Rolle für die Entwicklung und das Überleben eines Organismus. Eine Blume gedeiht in einem angenehm warmen Garten wesentlich besser als in einer glutheißen Wüste.

GENOMISCHE PRÄGUNG
30 Sekunden Genetik

Diploide Organismen besitzen

zwei Chromosomensätze, einen von der Mutter und einen vom Vater. Für die meisten Gene gilt, dass die Kopien beider Eltern ähnlich stark exprimiert werden, doch in ein paar wenigen Fällen ist nur eine Kopie aktiv. Ob die Kopie stillgelegt (inaktiv) oder aktiv ist, hängt davon ab, von welchem Elternteil sie stammt. Man nennt dies genomische Prägung. Das Phänomen wurde entdeckt, als Genetiker in den 1970er- und 80er-Jahren bei Tieren mit zwei Chromosom-Kopien vom selben Elternteil Krankheitsanzeichen ausmachten. Daraufhin wurde versucht, gynogenetische und androgenetische Individuen zu erzeugen – mit zwei mütterlichen bzw. zwei väterlichen Chromosomensätzen. Dazu fusionierten die Genforscher zwei weibliche bzw. zwei männliche Pronuklei in Mäuseeiern und brachten die befruchteten Eier in scheinschwangere Muttertiere ein. Die befruchteten Eier entwickelten sich nicht normal, selbst dann nicht, wenn sie ein komplementäres Geschlechtschromosom besaßen. Ausschlaggebend dafür war die genomische Prägung einiger Gene. Bei mütterlich geprägten Genen ist die mütterliche Kopie stillgelegt und die väterliche Kopie aktiv, bei väterlich geprägten Genen verhält es sich genau umgekehrt. Heute weiß man, dass es ungefähr 100 geprägte Gene gibt. Es existieren zahlreiche Theorien zu der Frage, warum die Evolution die genomische Prägung hervorgebracht hat, doch noch kennt keiner die richtige Antwort.

3-SEKUNDEN-KONZENTRAT
Zwar steuern bei der Befruchtung des Eis beide Eltern die gleiche genetische Information bei, aber die Chromosomen weisen eine elterliche Prägung auf und können sich in Abhängigkeit von ihrer Herkunft unterschiedlich verhalten.

3-MINUTEN-GEDANKE
Obwohl genomische Prägung bei Pilzen, Pflanzen und auch Tieren vorkommt, ist noch ungeklärt, welche Rolle der elterliche Ursprung eines Gens spielt und warum. Bei Säugetieren führen die epigenetischen Modifikationen während der Zellteilung, darunter DNA-Methylierungen, zu unterschiedlichen Expressionsraten bei den betroffenen Genen. Die genetische Prägung zeigt, wie wichtig die richtige Gendosis ist. So wirken sich geerbte Duplikationen geprägter Gene beim Menschen auf Wachstum und Verhalten aus und fördern Krebs.

VERWANDTE THEMEN
DNA-METHYLIERUNG
Seite 82

X-INAKTIVIERUNG
Seite 84

DIE GESCHLECHTER
Seite 38

3-SEKUNDEN-BIOGRAFIEN
BRUCE CATTANACH
geb. 1932
Britischer Genetiker, der entdeckte, dass zwei Kopien einer chromosomalen Region vom selben Elternteil zu Unregelmäßigkeiten führen können

AZIM SURANI & DAVOR SOLTER
geb. 1945 bzw. 1941
Zwei Genetiker (aus Kenia bzw. Jugoslawien), die herausfanden, dass sowohl väterliches als auch mütterliches Genom für die normale Entwicklung eines Individuums wesentlich sind

30-SEKUNDEN-TEXT
Edith Heard

Der Verlust der normalen genomischen Prägung kann Krankheiten wie das Prader-Willi-Syndrom auslösen.

DNA-METHYLIERUNG

30 Sekunden Genetik

3-SEKUNDEN-KONZENTRAT
Eine Methylierung ist eine chemische Modifikation. Sie verändert die Funktion der DNA-Sequenz und dient als Hinweis auf Besonderheiten und Ursprung einer Zelle.

3-MINUTEN-GEDANKE
DNA-Methylierungen sind Modifikationen, die die »Buchstaben« oder Nukleotide der DNA kaum merklich verändern. Das Ganze hat eine gewisse Ähnlichkeit mit Akzenten in Sprachen wie Französisch oder Spanisch. Sie verändern die Art, wie Wörter gelesen werden, und auch deren Bedeutung, ohne die Reihenfolge der Buchstaben zu berühren. So wie ein falscher Akzent auf einem Buchstaben die Bedeutung eines Wortes verändern kann, können veränderte DNA-Methylierungsmuster ernste Folgen haben und Krankheiten auslösen.

Die DNA besteht aus vier Bausteinen, den Nukleotiden. Cytosin, eines der Nukleotide, kann durch Addition einer CH_3-Methylgruppe an das fünfte Kohlenstoffatom des Pyrimidinrings zu 5-Methylcytosin modifiziert werden. Diese als Methylierung bezeichnete Abwandlung verändert die Funktion der DNA-Sequenz. So führt eine Methylierung der Promotorregion eines Gens in der Regel zur Repression (Ausknipsen des Promotorschalters) und einer geringeren Transkriptionsrate des betreffenden Gens. Bei Säugetieren sind DNA-Methylierungen von entscheidender Bedeutung für die normale Entwicklung sowie für zahlreiche epigenetische Regulationsmechanismen, so die genomische Prägung und die X-Chromosom-Inaktivierung. Die DNA-Methylierungsmuster verändern sich, während der Körper altert, was die Entstehung vieler Krebsarten fördert. Einige Enzyme methylieren die DNA in bestimmten Regionen, andere können die Methylierungen auch wieder entfernen. Mutationen in diesen beiden Enzymklassen führen beim Menschen zu schweren Erkrankungen. Außerdem gibt es auch Proteine, die methylierte DNA erkennen und spezifizieren können. Heute existieren zahlreiche Methoden zur Erkennung von DNA-Methylierungen. DNA-Methylierungsmuster sind charakteristisch für jeweils eigene Zelltypen und Entwicklungsstufen.

VERWANDTE THEMEN
GENEXPRESSION
Seite 64

GENOMISCHE PRÄGUNG
Seite 80

3-SEKUNDEN-BIOGRAFIEN
ROBIN HOLLIDAY
1932–2014
Britischer Molekularbiologe, der als einer der Ersten vorschlug, dass die DNA-Methylierung ein wichtiger Mechanismus bei der Genregulation sei

AZIM SURANI
geb. 1945
Genetiker kenianischer Herkunft und Entdecker der genomischen Prägung sowie ihrer Verbindung mit elterlichen DNA-Methylierungsmustern

ANDREW PAUL FEINBERG
geb. 1970
Amerikanischer Wissenschaftler, der herausfand, dass veränderte DNA-Methylierungsmuster zur Genregulation in Krebszellen beitragen

30-SEKUNDEN-TEXT
Jonathan Weitzman

DNA-Methylierungen verändern die Genomfunktion.

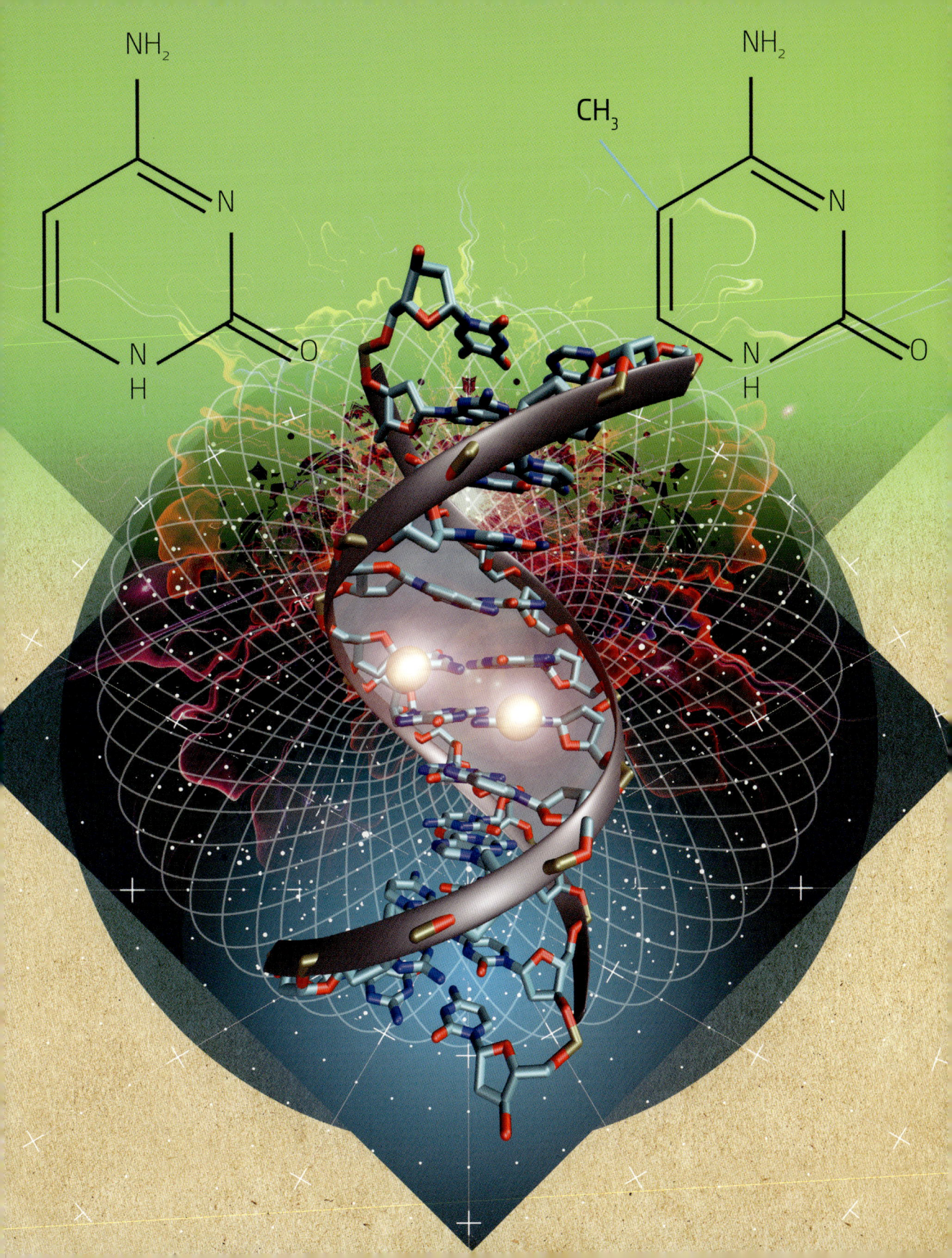

X-INAKTIVIERUNG

30 Sekunden Genetik

Die richtige Chromosomenzahl

und die richtige Genregulation sind von entscheidender Bedeutung für einen Organismus. Bei den meisten Säugetieren ähneln die Weibchen einem zellulären
Mosaik, weil sie in jeder Zelle nur eines der X-Chromosomen verwenden und nie gleichzeitig Gene von
beiden X-Chromosomen exprimieren. Woran liegt
das? Männchen und Weibchen unterscheiden sich in
ihren Geschlechtschromosomen: Weibchen haben
zwei X-, Männchen ein X- und ein Y-Chromosom.
Bei den Weibchen wird dieser offensichtliche Unterschied durch die Inaktivierung eines X-Chromosoms
ausgeglichen, um die richtige Gendosis herzustellen:
Während der embryonalen Entwicklung legt jede Zelle
fast alle Gene auf einem der beiden X-Chromosomen
still. In der Regel entscheidet eine Zelle zufällig, ob
das väterliche oder das mütterliche X-Chromosom
inaktiviert wird, doch ist die Wahl einmal getroffen,
gilt dieses Muster für sämtliche Tochterzellen. Die
britische Genetikerin Mary Lyon entdeckte die
X-Inaktivierung, als sie bei Mäuseweibchen verschie-
denfarbige Flecken im Fell bemerkte. Bei Mäusen liegt
das Gen für die Fellfarbe in zwei Varianten (Allelen)
auf dem X-Chromosom. Lyon schlug deshalb vor,
dass Zellen entweder das eine oder das andere Allel
exprimieren, niemals aber beide gleichzeitig.

*Unterschiedlich gefärb-
te Fellflecken bei Mäu-
sen sind ein Ergebnis
der X-Inaktivierung.*

CHROMATIN & HISTONE

30 Sekunden Genetik

3-SEKUNDEN-KONZENTRAT
Die DNA ist um Protein-kugeln zu einer hoch-kompakten Struktur auf-gewickelt, die unter dem Elektronenmikroskop Perlen auf einer Schnur gleicht.

3-MINUTEN-GEDANKE
In eukaryotischen Zellen können Histon-Proteine komplexe Modifikationen tragen, die sich auf die Zugänglichkeit der DNA auswirken. Einige dieser Mo-difikationen ermöglichen die Vorhersage, ob ein Gen aktiv oder inaktiv ist. Genetiker bezeichnen die Gesamtheit aller Histon-Modifikationen als »Epigenom«. Ver-schiedene Zellarten haben verschiedene Epigenome und können verschiedene Gene exprimieren.

Die DNA einer menschlichen Zelle

hat eine Gesamtlänge von etwa zwei Metern und muss in einen Zellkern mit einem Durchmesser von etwa zehn Mikrometern (zehn Millionstel Metern) passen. Das klingt nach einer gewaltigen Herausfor-derung. Damit das auch funktioniert, muss die DNA 10 000-fach gepackt werden. Eukaryotische Zellen wickeln ihre DNA um Proteinkugeln, die man als Nukleosomen bezeichnet und die unter dem Elektro-nenmikroskop wie Perlen auf einer Schnur aussehen. Die Nukleosomen bestehen aus acht Proteinen, so-genannten Histonen. Die DNA wickelt sich zweimal um jedes Nukleosom, stets in engem Kontakt mit den Histonen. Die so verpackte DNA nennt man Chromatin. Die Struktur dient der Organisation und gleichzeitig dem Schutz vor Schädigungen, aber sie stellt die Zelle auch vor ein beachtliches Zugänglich-keitsproblem bei der Transkription und der Genregu-lation. Durch Histon-Modifikationen erzeugt die Zelle Chromatinabschnitte, die zugänglicher, »offener« sind als andere. Gene in diesen offenen Chromatin-regionen können exprimiert werden, während sie in den geschlossenen Regionen oft stillgelegt (gesilenct) sind. Genetiker sind gerade dabei, diese Chromatin-regionen zu kartieren, um zu verstehen, wie die Genomorganisation die Genexpression beeinflusst.

VERWANDTE THEMEN
GENEXPRESSION
Seite 64

GENOMARCHITEKTUR
Seite 72

3-SEKUNDEN-BIOGRAFIEN
WALTHER FLEMMING
1843–1905
Deutscher Zytologe, der beim Anfärben von Zellen mit basophilen Farbstoffen die Chromatinstruktur entdeckte

ALBRECHT KOSSEL
1853–1927
Deutscher Biochemiker und Ent-decker der Proteine, um die sich die DNA wickelt

30-SEKUNDEN-TEXT
Jonathan Weitzman

Die DNA-Menge im menschlichen Zellkern ist wirklich verblüf-fend. Im ganzen Körper verteilt besitzt jeder von uns Millionen Kilo-meter DNA.

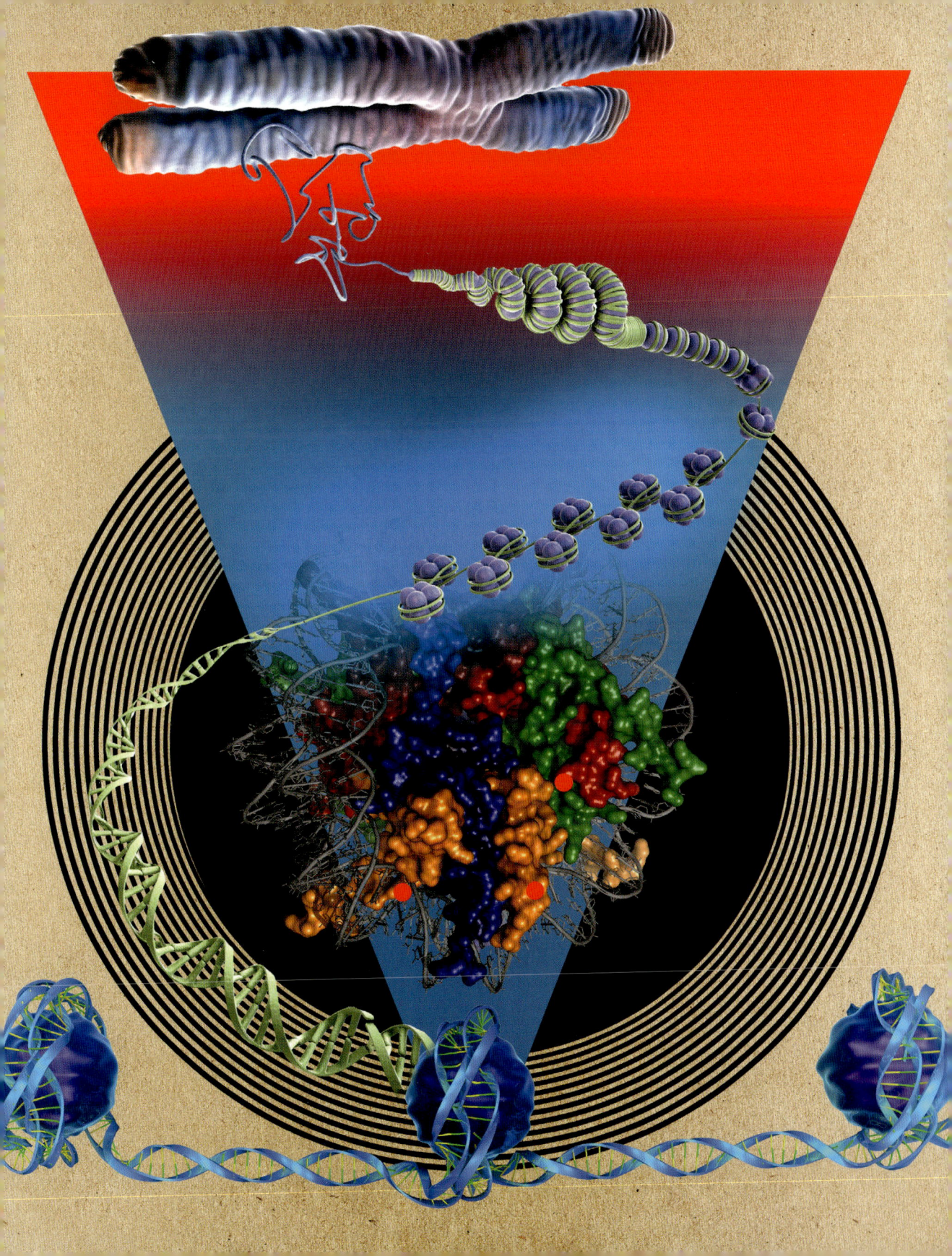

8. November 1905
Geboren in Evesham,
England

1908
Verbringt die ersten drei
Lebensjahre mit seinen
Eltern auf einer Teeplan-
tage in Indien

1926
Abschluss in Geo-
logie am *Sidney Sussex
College* der Universität
Cambridge

1931
Sechs Monate Arbeits-
aufenthalt in Deutsch-
land im Labor von
Hans Spemann, Bereich
experimentelle Embryo-
logie

1935
Arbeitet in Thomas Hunt
Morgans Fliegengenetik-
labor in Kalifornien

1940
Veröffentlicht das Buch
Organisers and Genes

1940
Aufnahme in die britische
Royal Society

1947
Professur für Tiergenetik
an der Universität Edin-
burgh

1957
Sein Buch *The Strategy
of the Genes* erscheint, in
dem er sein Konzept der
epigenetischen Landschaft
in allen Details erläutert

1958
Aufnahme in die *Ameri-
can Academy of Arts and
Sciences*

1960
*Behind Appearance: A
Study of the Relations
Between Painting and the
Natural Sciences in this
Century*

1968–1972
Gibt das vierbändige Werk
*Towards a Theoretical
Biology* heraus

1972
Gründet das *Centre for
Human Ecology* (Zentrum
für humane Ökologie) in
Edinburgh

26. September 1975
Stirbt in Edinburgh

CONRAD HAL WADDINGTON

Da Gregor Mendel wegen seiner Pionierarbeiten und Vererbungsregeln mit Recht als Vater der Genetik gilt, darf man Conrad Hal Waddington zweifellos als Vater der Epigenetik betrachten. Schon früh ging er der Frage auf den Grund, wie sich ein so komplexer Säugetierembryo aus einer einzigen befruchteten Zelle entwickelt. Zu einer Zeit, als die molekularen Grundlagen der Gene noch ungeklärt waren, informieren ihn Freunde und Kollegen über die aktuellen Tendenzen in der Genetik. Er selbst experimentierte mit Fröschen und Fruchtfliegen, um die Grundlagen der Entwicklungsbiologie zu verstehen. Am bekanntesten ist er aber für seinen Begriff »Epigenetik« aus den 1940er-Jahren für »den Forschungszweig der Biologie, der sich mit den kausalen Interaktionen zwischen den Genen und ihren Produkten beschäftigt, die den Phänotyp hervorrufen«. Mit dem neuen Forschungsgebiet wollte er eine Schnittstelle zwischen klassischer Embryologie, moderner Genetik und der Evolutionstheorie schaffen.

Von Freunden wurde Waddington liebevoll nur »Wad« genannt, von der Familie »Con«. Er bewegte sich mit Leichtigkeit zwischen den Disziplinen hin und her und war mit Genetikern wie Gregory Bateson und Theodosius Dobzhansky, aber auch mit Philosophen und zeitgenössischen Künstlern wie Henry Moore oder John Piper befreundet. In seinem umfangreichen Werk als Buchautor stellte er neue Konzepte vor, prägte neue Begriffe wie Epigenotyp und Cheode und verfeinerte seine Ideen zur Entwicklungsbiologie.

Als sein größtes Erbe darf jedoch das Konzept der epigenetischen Landschaft gelten. Er erklärt es in einem seiner Bücher aus den 1940er-Jahren anhand eines Gemäldes, in dem er die visuelle Metapher einer Landschaft auf die Entwicklung eines Embryos anwendet: Auf der Spitze eines Berges befindet sich ein Ball, der das befruchtete Ei, also eine multipotente Stammzelle darstellt. Er schlug vor, dass, je weiter der Ball den Berg hinunterrollt, das Entwicklungspotenzial der Stammzelle immer mehr abnimmt – ihre zelluläre Identität wird durch den Weg bestimmt (er verwendete den Begriff »kanalisiert«), den sie einschlägt. Er fügte ein weiteres Gemälde hinzu, das den Blick hinter die Landschaft darstellen soll. Es zeigt eine Reihe von Festpunkten (Gene), die über Halteseile miteinander verbunden sind und die möglichen Pfade der Kugel den Abhang hinunter vorgeben.

Mehr als ein halbes Jahrhundert später sind Genetiker nun damit beschäftigt, die molekularen Mechanismen epigenetischer Ereignisse zu klären. Wie bei so vielen visionären Konzepten in der Biologie kann es noch Jahre dauern, bis wir sie im Detail verstehen.

Jonathan Weitzman

NICHTCODIERENDE RNA

30 Sekunden Genetik

3-SEKUNDEN-KONZENTRAT

RNA ist weit mehr als eine simple Kopie der DNA für die Proteinsynthese. In Wirklichkeit steuern die meisten RNA-Moleküle die Genomfunktion und nur verhältnismäßig wenige kodieren Proteine.

3-MINUTEN-GEDANKE

RNA-Moleküle haben unzählige Funktionen und sind wesentlich vielseitiger als DNA. Dies führte zur Entwicklung der »RNA-Welt-Hypothese«, nach der die RNA vor der DNA und den Proteinen auf der Welt existierte und der Ursprung allen Lebens auf unserem Planeten ist. Heutzutage nutzen die Wissenschaftler nichtcodierende RNA-Moleküle als experimentelle Hilfsmittel und für die Entwicklung neuer Behandlungsmethoden.

RNA-Forscher erlebten schon

zahlreiche Überraschungen. Als Francis Crick das zentrale Dogma der Molekularbiologie vorschlug, um die Proteinsynthese zu erklären, teilte er der RNA die Rolle als Bote (mRNA) bei der Translation der genetischen Information aus DNA in Protein zu. In jüngerer Zeit wurden aber viele neue RNA-Arten mit ganz anderen Funktionen entdeckt. Tatsächlich enthält die überwiegende Mehrheit der RNA-Moleküle des Menschen (wohl bis zu 98 Prozent) keine Information für die Kodierung von Proteinen und wird deshalb als nichtcodierende RNA (ncRNA) bezeichnet. Und wozu sind nichtcodierende RNAs gut? Offenbar sind sie wichtig für die Feinregulierung der Genexpression und die Funktion der mRNA: die kleinen tRNAs (Transfer-RNAs) für die Übersetzung der Information aus der mRNA in Proteine, die rRNA (ribosomale RNA) als Bestandteil der Ribosomen, die die Proteine herstellen. Nichtcodierende RNAs können wie die RNAi-Moleküle (RNA-Interferenz), die normale Genfunktionen blockieren, sehr kurz sein, aber auch sehr lang wie das Xist-Molekül, das bei Frauen ein gesamtes X-Chromosom inaktiviert, oder die RNAs, die den Zellen bei der Instandhaltung ihrer Telomere helfen. Alle Organismen, von der Hefe bis zum Menschen, haben clevere Möglichkeiten entwickelt, die RNA-Moleküle für die Genomregulation zu verwenden. Auch mit zahlreichen Krankheiten wie Krebs oder Autismus werden nichtcodierende RNAs in Verbindung gebracht.

VERWANDTE THEMEN

DAS ZENTRALE DOGMA
Seite 28

ZENTROMERE & TELOMERE
Seite 46

X-INAKTIVIERUNG
Seite 84

3-SEKUNDEN-BIOGRAFIEN

CARL RICHARD WOESE
1928–2012
Amerikanischer Mikrobiologe, der 1967 die »RNA-Welt-Hypothese« aufstellte

SHIRLEY MARIE TILGHMAN
geb. 1946
Molekularbiologin aus den USA, die die geheimnisumwobene lange nichtcodierende RNA H19 entdeckte

CRAIG C. MELLO &
ANDREW ZACHARY FIRE
geb. 1960 bzw. 1959
Amerikanische Biologen und Entdecker der RNA-Interferenz

30-SEKUNDEN-TEXT

Jonathan Weitzman

Woese schlug vor, dass alles Leben auf der Erde von RNA-basierten Lebensformen abstammt.

ZWILLINGE

30 Sekunden Genetik

3-SEKUNDEN-KONZENTRAT
Aufgrund ihrer beinahe identischen Genome eignen sich eineiige Zwillinge hervorragend, um die Einflüsse von Umwelt und Genetik auf die Merkmalsausbildung beim Menschen zu studieren.

3-MINUTEN-GEDANKE
Es gibt eineiige und zweieiige Zwillinge. Die genetisch identischen eineiigen Zwillinge (EZ) entwickeln sich aus einem einzigen befruchteten Ei, das sich zweiteilt, die zweieiigen (ZZ) dagegen aus zwei. Letztere sind sich genetisch so ähnlich wie normale Geschwister. Das Studium von EZ und ZZ ermöglicht Forschern, genetisch bedingte Effekte von Umwelteinflüssen zu unterscheiden und nichtgenetische Krankheitsfaktoren zu identifizieren.

Zwillinge stellen uns seit Jahrtausenden vor Rätsel – man denke nur an die biblischen Brüder Jakob und Esau, die sich bereits im Mutterleib bekämpft haben sollen, oder an Romulus und Remus, die mythischen Gründer Roms. Eineiige Zwillinge (EZ) sind stets vom selben Geschlecht, während zweieiige (ZZ) sich genetisch betrachtet nicht mehr als normale Geschwister ähneln. In etwa 0,3 Prozent der Fälle sind Frauen mit EZ schwanger. Die Häufigkeit für ZZ wird dagegen durch Ernährung, Alter und Fruchtbarkeitsbehandlungen der Mutter beeinflusst. Während eine genetisch bedingte Tendenz zur Ausreifung von zwei Eiern pro Zyklus für ZZ bestehen kann, gibt es keine Hinweise auf genetische Faktoren für die Häufigkeit von EZ-Geburten. Teilt sich ein befruchtetes Ei erst spät, können sich daraus siamesische Zwillinge entwickeln, die sowohl Körperteile als auch Genom teilen. EZ sind natürliche »Klone« mit praktisch identischem Erbmaterial, sodass phänotypische Unterschiede (Diskordanzen) auf Umweltfaktoren zurückzuführen sind. Da viele unserer Merkmale wesentlich von genetischen Faktoren abhängen, ermöglichen Studien mit EZ, die von Geburt an getrennt voneinander aufwuchsen, den Forschern die Identifizierung nichtgenetischer Ursachen von Verhaltensformen oder Krankheiten. Solche Studien ergaben, dass sich EZ mit fortschreitendem Alter mehr und mehr voneinander unterscheiden und dass einige Krankheitsdiskordanzen durch Umwelteinflüsse erklärt werden können.

VERWANDTE THEMEN
GENOTYP & PHÄNOTYP
Seite 62

GENE & UMGEBUNG
Seite 78

VERHALTENSGENETIK
Seite 102

3-SEKUNDEN-BIOGRAFIEN
CHANG & ENG BUNKER
1811–1874
Thailändisch-amerikanische siamesische Zwillinge, die dieser Fehlbildung ihren Namen gaben

FRANCIS GALTON
1822–1911
Britischer Pionier der Zwillingsforschung, der die Devise »nature versus nurture« (Natur oder Kultur) prägte

30-SEKUNDEN-TEXT
Jonathan Weitzman

Anhand von eineiigen Zwillingen können Genetiker den Einfluss von Umweltfaktoren auf den menschlichen Körper erforschen. Zweieiige Zwillinge sind sich so ähnlich wie normale Geschwister.

GESUNDHEIT & KRANKHEIT

Alkaptonurie Bei dieser seltenen Erbkrankheit kann der Körper die Aminosäuren Phenylalanin und Tyrosin nicht herstellen. Ursache ist eine Mutation im Gen für das Enzym HGD. Erbt ein Kind von beiden Elternteilen je eine mutierte Kopie dieses Gens, sammelt sich die Verbindung Alkapton im Urin an und färbt ihn schwarz.

Autoimmunität Phänomen, bei dem das Immunsystem eines Organismus gegen die eigenen gesunden Zellen und Gewebe arbeitet. Zu den Autoimmunkrankheiten, die durch eine solche aberrante Immunantwort verursacht werden, gehören Zöliakie oder Diabetes Typ 1.

Autismus Entwicklungsneurologische Störung, die soziale Interaktion, Kommunikation und Verhalten beeinträchtigt. Die Diagnose erfolgt meist bei Kindern unter drei Jahren. Das Asperger-Syndrom ist eine mildere Form, bei der Sprache und Intelligenz normal ausgebildet sind.

Autosom Alle Chromosomen außer den Geschlechtschromosomen X und Y. Jeweils ein Autosomenpaar trägt dieselben Gene. Zur Vererbung autosomal-dominanter Krankheiten kommt es, wenn eine Kopie eines Gens auf einem Autosom mutiert ist, für autosomal-rezessive Krankheiten müssen dagegen beide mutiert sein. Unterscheiden sich bei einem Individuum die beiden Kopien eines Gens, ist es heterozygot; sind sie gleich, ist es homozygot.

Circadiane Rhythmik Biologischer Prozess, der Oszillationen von ungefähr 24 Stunden steuert. Der 24-Stunden-Rhythmus wird durch eine innere biologische Uhr vorgegeben, die auf Umwelteinflüsse reagiert.

Einzelnukleotid-Polymorphismus (SNP, engl. Single Nucleotide Polymorphism) Variation in einem einzigen Nukleotid an einer bestimmten Position im Genom, wobei jede Variation in einem gewissen Ausmaß in einer Population vertreten ist. SNPs verursachen viele Krankheiten, vor allem wenn sie Proteinstruktur und -funktion beeinflussen.

Hämoglobin Eisenbindendes Protein der roten Blutzellen, das für die Sauerstoffverteilung im Körper – von den Lungen oder den Kiemen auf die Gewebe – verantwortlich ist. Mutationen im Hämoglobin-Gen verursachen Krankheiten wie Sichelzellenanämie oder Thalassämie.

Hox-Gene Gruppe ähnlicher Gene, die für die Gliederung des Embryos entlang der Körperlängsachse verantwortlich sind. Die Hox-Proteine bestimmen somit die Lage von Beinen, Flügeln bei Fliegen oder der Wirbel beim Menschen. Mutationen in den Hox-Genen können zu Körperteilen und Gliedmaßen an den falschen Stellen führen. Bei vielen Tieren entspricht die Anordnung der Hox-Gene im Chromosom ihrem Expressionsmuster entlang der Körperachse des Embryos – ein Phänomen, das als Colinearität bezeichnet wird.

HPV und Gebärmutterhalskrebs Das humane Papillomvirus (HPV) kann Gebärmutterhalskrebs und Genitalwarzen auslösen. Es wird typischerweise sexuell übertragen. HPV-Ansteckungen zählen mit bis zu fünf Prozent der Krebserkrankungen zu den häufigsten infektiösen Krebsursachen. Bei HPV-induzierten Krebsarten integriert sich die Virus-DNA in die DNA der Wirtszelle und beeinträchtigt Zellwachstum sowie Zellteilung entscheidend.

Immundefizienz Zustand, in dem das Immunsystem Infektionen nicht oder nur ungenügend bekämpfen kann. Störungen des Immunsystems können durch äußere Faktoren wie eine Virusinfektion oder Mangelernährung ausgelöst werden, aber auch angeboren sein. Eine schwere kombinierte Immundefizienz ist eine gravierende Störung des Immunsystems, bei der sowohl T- als auch B-Lymphozyten betroffen sind.

Immunität Körpereigene Abwehr von Infektionen und Krankheiten. Das Immunsystem setzt sich aus angeborenen und adaptiven Komponenten zusammen. Erstere erkennen fremde Substanzen und reagieren darauf, zu den Letzteren gehört das System der Lymphozyten, deren Aufgabe es ist, Krankheitserreger zu eliminieren.

Lymphozyten Weiße Blutzellen im Wirbeltier-Immunsystem. Zu den Lymphozyten-Arten zählen natürliche Killerzellen (NK-Zellen), die fremde Zellen und Krebszellen abtöten, T-Zellen, die ebenfalls töten können, oder B-Zellen, die Antikörper produzieren.

Online Mendelian Index of Man **(OMIM)** Datenbank der Gene, monogenetischen Krankheiten und Merkmale des Menschen. Enthält frei zugängliche Informationen zu Erbkrankheiten, die nach den Mendelschen Vererbungsregeln vererbt werden, und zu mehr als 15 000 Genen. Der Schwerpunkt liegt dabei auf der Beziehung zwischen Phänotyp und Genotyp.

Synapsen Entscheidende funktionale Elemente des Gehirns. Synapsen sind die Kommunikationspunkte zwischen den Gehirnzellen, den sogenannten Neuronen. Das Gehirn enthält Milliarden von Neuronen, und jedes ist über Synapsen mit Tausenden anderen Neuronen verbunden. Das menschliche Gehirn kann bis zu 100 Billionen Synapsen enthalten. Ein Teil der Synapsen wirkt erregend auf ein Neuron, ein anderer hemmend. Synaptische Veränderungen sind wichtig für die Lern- und Erinnerungsfähigkeit des Gehirns.

DIE GESCHLECHTER
30 Sekunden Genetik

3-SEKUNDEN-KONZENTRAT
Die Existenz von Geschlechtern ermöglicht die sexuelle Fortpflanzung und erhöht die genetische Vielfalt, denn Ei und Spermium tragen die Genome genetisch unterschiedlicher Eltern.

3-MINUTEN-GEDANKE
Möglicherweise entstanden die Geschlechter durch Trennung aus hermaphroditischen Organismen, die sowohl männliche als auch weibliche Gameten erzeugten. Diese Trennung führte zu einer Spezialisierung der Organismen, sodass sie fortan nur noch je eine Form von Gameten produzierten. Die treibende Kraft hinter der geschlechtlichen Fortpflanzung ist die Verbreitung vorteilhafter Mutationen durch Verschmelzen des genetischen Materials beider Eltern. So können sich Organismen besser an Umweltveränderungen anpassen.

Zahlreiche Organismen, von Bakterien bis hin zu Pflanzen und Tieren, vermehren sich geschlechtlich. Die meisten Arten existieren in einer männlichen und einer weiblichen Form. Beide Geschlechter erzeugen Gameten: Weibchen produzieren Ova (Eier), männliche Tiere Spermien und männliche Pflanzen Pollen. Die Gameten enthalten die genetische Information jedes Elternteils für ihre Nachkommen. Bei der Befruchtung verschmelzen ein mütterlicher und ein väterlicher Gamet zu einer Zelle, aus der sich ein neuer Organismus entwickelt. Um die Chromosomenzahl innerhalb einer Art konstant zu halten, darf jeder Gamet nur die halbe DNA-Menge des betreffenden Organismus enthalten. Den Vorgang, bei dem die DNA-Menge halbiert wird, bezeichnet man als Meiose. Das Geschlecht eines Organismus wird oft genetisch festgelegt. Bei zahlreichen Organismen erfolgt dies aber auch durch Umweltbedingungen, und in einigen Fällen ist derselbe Organismus zunächst männlich und später weiblich (oder umgekehrt). Organismen, die gleichzeitig männlich und weiblich sind, bezeichnet man als Hermaphroditen. Bei den Säugetieren hat das Weibchen typischerweise zwei X-Chromosomen, das Männchen ein X- und ein Y- Chromosom, wobei das Y-Chromosom das männlichkeitsbestimmende Gen trägt. Bei anderen Tieren, etwa Vögeln, haben die Weibchen ein Z- und ein W-Chromosom und die Männchen zwei Z-Chromosomen.

VERWANDTE THEMEN
DAS Y-CHROMOSOM DES MENSCHEN
Seite 42

ZELLTEILUNG
Seite 50

X-INAKTIVIERUNG
Seite 84

3-SEKUNDEN-BIOGRAFIEN
AUGUST WEISMANN
1834–1914
Deutscher Evolutionsbiologe, der 1889 vorschlug, die Geschlechter hätten sich entwickelt, um Variation unter Geschwistern zu ermöglichen

CLARENCE ERWIN MCCLUNG
1870–1946
Amerikanischer Biologe, der die Rolle der Chromosomen bei der Geschlechtsbestimmung entdeckte

30-SEKUNDEN-TEXT
Reiner Veitia

Beim Menschen wird das weibliche Geschlecht durch zwei X-Chromosomen festgelegt, das männliche durch ein X- und ein Y-Chromosom.

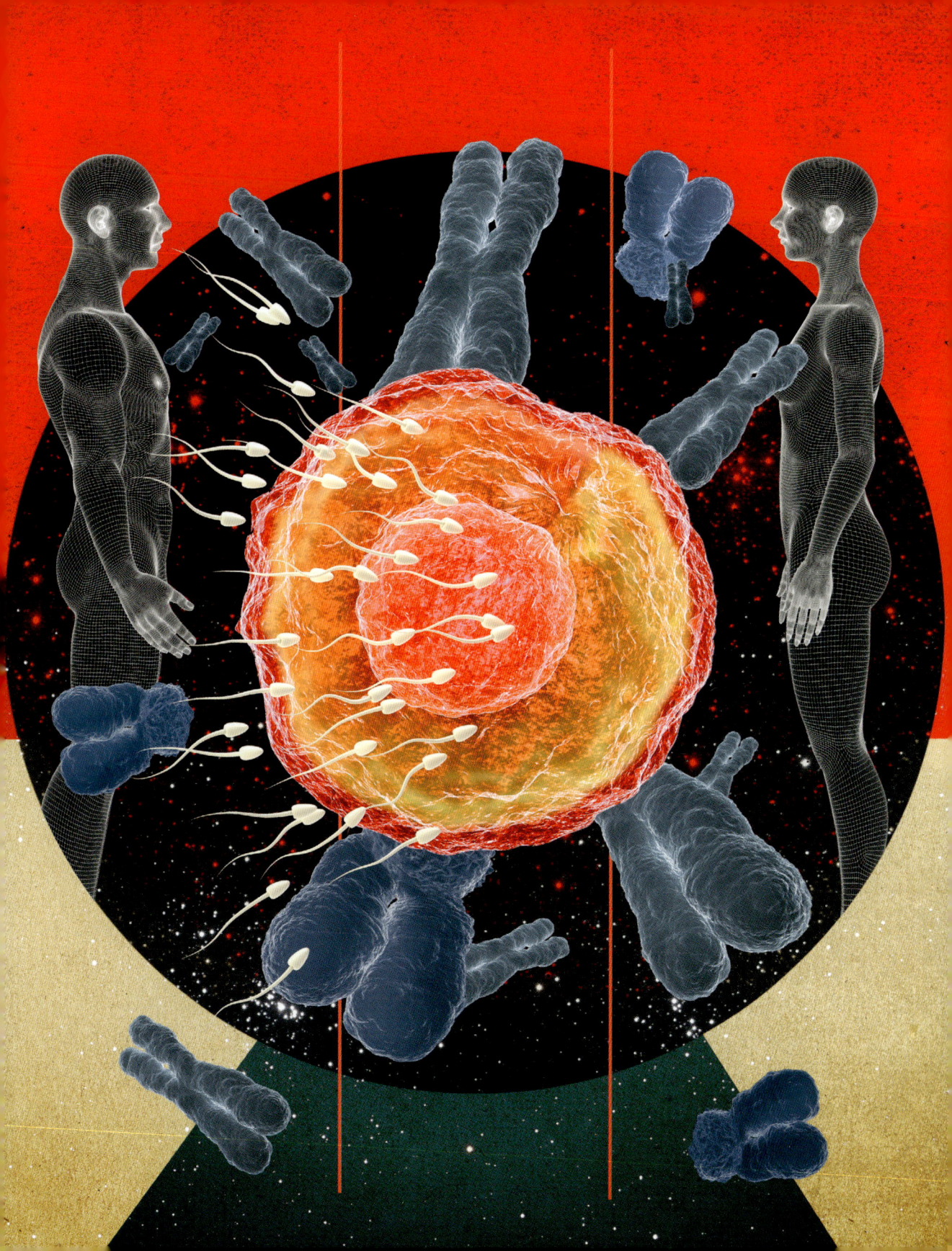

ENTWICKLUNGS-GENETIK
30 Sekunden Genetik

3-SEKUNDEN-KONZENTRAT
Während seiner Entwicklung schaltet ein Organismus zur passenden Zeit und am passenden Ort die richtigen Gene an und aus.

3-MINUTEN-GEDANKE
Bestimmte Gene (die sogenannten Hox-Gene) werden in einer Abfolge von Streifen entlang der Körperlängsachse exprimiert und bestimmen die Lage von Körperteilen. Erstaunlicherweise sind bei Menschen, Mäusen und Fliegen dieselben Gene für die Differenzierung der entsprechenden Körperteile verantwortlich.

Wie entsteht aus einer einfachen

Eizelle ein komplexer Organismus mit Nerven-, Blut- oder Hautzellen? Entwicklungsbiologen haben sich lange mit dieser Frage auseinandergesetzt und herausgefunden, dass ein Teil der Antwort in den Genen liegt. Der Genpool eines Organismus wird bei der Befruchtung festgelegt und verändert sich (mit seltenen Ausnahmen) später nicht mehr. Deshalb sind alle Körperzellen mit dem gleichen Gensatz ausgestattet. Aber wie kommt es dann, dass Zellen sich so voneinander unterscheiden? Die Unterschiede beruhen auf unterschiedlichen Genaktivitäten: So wird in Erythrozyten, den roten Blutkörperchen, das Hämoglobin-Gen exprimiert, in Neuronen im Auge dagegen Gene, die Photorezeptoren kodieren. Entwicklungsgenetiker erforschen, wie Gene an- und ausgeschaltet werden, um das Wachstum und die Entwicklung eines Organismus zu steuern. Bei Säugetier-Embryonen wird das Gen HOXD3 in einer besonderen Zellgruppe angeschaltet und verwandelt sie in Halszellen. Je nachdem, welche anderen Gene sie zusätzlich an- oder ausschalten, entwickeln sich einige dieser Zellen zu Nervenzellen, andere zu Muskelgewebe oder Wirbeln. Ob eine Zelle ein Gen anschaltet oder nicht, hängt von ihrer Position, ihrem internen Zustand und den externen Signalen ab, die sie empfängt.

VERWANDTE THEMEN
DARWIN & DER URSPRUNG DER ARTEN
Seite 18

DIE GESCHLECHTER
Seite 98

VERHALTENSGENETIK
Seite 102

3-SEKUNDEN-BIOGRAFIEN
CHRISTIANE NÜSSLEIN-VOLHARD
geb. 1942
Deutsche Biologin, die mit Edward Lewis und Eric Wieschaus 1995 für ihre Arbeit zu den Genen, die die Entwicklung der Fruchtfliege steuern, mit dem Nobelpreis in Physiologie oder Medizin ausgezeichnet wurde

SEAN BRENDAN CARROLL
geb. 1960
Amerikanischer Biologe und Begründer der These, dass die morphologische Evolution vor allem auf Veränderungen von Genaktivitäten beruhe

30-SEKUNDEN-TEXT
Virginie Courtier-Orgogozo

Nur die An- und Abschaltung der richtigen Gene ermöglicht die Bildung verschiedener Zelltypen und Organe.

VERHALTENSGENETIK

30 Sekunden Genetik

3-SEKUNDEN-KONZENTRAT

Die genetische Variation beeinflusst das Verhalten, aber wie weit dies der Fall ist, und welche genetischen Mechanismen beim Menschen mitwirken, ist noch weitgehend unklar.

Genomweite Assoziationsstudien (GWAS) sollen statistisch signifikante Verbindungen zwischen genetischen Varianten und phänotypischen Merkmalen aufdecken. Beim Menschen können so Genombereiche mit genetischen Varianten Identifiziert werden, die das Verhalten beeinflussen. Mit komplexen Verhaltensstörungen wie der Schizophrenie werden Hunderte genetische Varianten in Verbindung gebracht. Die Identifizierung der Gene in der Nähe der Varianten, die das menschliche Verhalten beeinflussen, ist die nächste große und bisher schwierigste Herausforderung.

Mithilfe von Fruchtfliegen wurde

zum ersten Mal nachgewiesen, dass genetische Variationen unterschiedliche Verhaltensformen hervorbringen können. Mutationen können Proteine mit abweichenden Funktionen erzeugen, die die Entwicklung normaler Verhaltensformen stören. So konte man durch nähere Untersuchung des circadianen Rhythmus Mutationen identifizieren, die die Funktionen der biologischen Uhr verändern. Andere Mutationen unterbrechen bestimmte Synapsen und beeinflussen die Lern- und Gedächtnisfunktion des Gehirns. Sogar Mutationen, die das Balz- und Paarungsverhalten verändern, kommen bei Fruchtfliegen vor. Verhaltensgenetische Untersuchungen beim Menschen sind wegen der zahlreichen Umweltfaktoren besonders anspruchsvoll. Mögliche genetische Einflüsse lassen sich mit vergleichenden Studien an eineiigen und zweieiigen Zwillingen aufdecken, die auch aufzeigen, mit wie viel Prozent ein Merkmal bei beiden Zwillingen ausgeprägt ist (Konkordanz). Eine höhere Konkordanz bei eineiigen als bei zweieiigen Zwillingen deutet auf einen genetischen Einfluss hin. Untersuchungen zu Autismus, Depression und Schizophrenie ergaben eine Konkordanz von 30–70 Prozent bei eineiigen im Vergleich zu 5–15 bei zweieiigen Zwillingen. Dies lässt auf ein mittleres Maß an genetischem Einfluss schließen. Möglicherweise sind auch mehrere Gene an diesem Effekt beteiligt und der Einfluss eines jeden von ihnen ist relativ klein.

VERWANDTE THEMEN

MUTATIONEN & POLYMORPHISMEN
Seite 68

GENE & UMWELT
Seite 78

ZWILLINGE
Seite 92

3-SEKUNDEN-BIOGRAFIEN

FRANCIS GALTON
1822–1911
Englischer Denker, dessen Ideen über die Erblichkeit von Erfolg die heute verrufene Eugenik-Bewegung begründeten

LEE EHRMAN
geb. 1935
Amerikanischer Genetiker, der den Zusammenhang zwischen Genotyp und Fortpflanzungserfolg bei Fruchtfliegen beschrieb und damit den Weg für die Verhaltensgenetik bereitete

30-SEKUNDEN-TEXT

Mark Sanders

Wie einzelne Gene zu komplexen Verhaltensmustern beitragen, ist noch größtenteils unerforscht.

DOMINANTE & REZESSIVE ERBKRANKHEITEN

30 Sekunden Genetik

Beim Menschen werden mehr als

10 000 Erbkrankheiten durch Mutation eines einzigen Gens verursacht. Sie werden als »Mendelsche« Merkmale an die Nachkommen weitergegeben, denn ihre Vererbung erfolgt nach den Mendelschen Vererbungsregeln. Dies geschieht bei zahlreichen humanen Erbkrankheiten durch Mutationen in Genen auf Autosomen. Autosomale Gene kommen entweder homozygot (AA bzw. aa) oder heterozygot (Aa) vor. Eine autosomale Erbkrankheit wird als dominantes Merkmal vererbt, wenn ein mutiertes Allel ausreicht, um die Krankheit auszubilden. Dagegen sind für das Auftreten autosomal-rezessiver Krankheiten zwei mutierte Kopien eines Gens erforderlich. Einige Erbkrankheiten werden auch durch Mutationen von Genen auf X-Chromosomen verursacht. Frauen besitzen zwei X-Chromosomen und können somit in Bezug auf ein solches Gen homozygot oder heterozygot sein. X-gekoppelte dominante Erbkrankheiten werden durch ein mutiertes Allel auf einem der beiden X-Chromosomen verursacht. X-gekoppelte rezessive Erkrankungen benötigen zwei mutierte Allele auf beiden X-Chromosomen. Da Männer aber nur ein X-Chromosom besitzen, bilden sie stets das Merkmal aus, das durch das X-gekoppelte Allel kodiert wird. Somit spielt es bei einem Mann keine Rolle, ob das X-gekoppelte Allel rezessiv oder dominant ist – wenn es mutiert ist, hat er die entsprechende Krankheit.

Mutationen können Tausende Erbkrankheiten auslösen.

1857
Geboren in London

1880
Erster Hochschulabschluss
in Naturwissenschaften an
der Universität Oxford

1885
Bachelor in Medizin an der
Universität Oxford

1899
Arzt am Londoner Kinder-
krankenhaus in der Great
Ormond Street

1902
*The Incidence of Alkapto-
nuria: a Study in Chemical
Individuality* erscheint

1908
Croonian Lecture über
»Angeborene Stoffwech-
selstörungen« vor dem
Royal College of Physicians

1910
Aufnahme in die britische
Royal Society

1914–1919
Dient als beratender Arzt
in der britischen Armee auf
Malta im Ersten Weltkrieg

1918
Wird als *Knight Comman-
der* in den Ritterstand
erhoben

1920
Wird von der Univer-
sität Oxford zum Regius
Professor im Bereich
Medizin ernannt

1926–1928
Ernennung zum Vizeprä-
sident der *Royal Society*

1935
Goldmedaille der *Royal
Society of Medicine*

1936
Stirbt an einem Herzinfarkt
in Cambridge

ARCHIBALD GARROD

Archibald Garrod war ein geborener Forscher und für die Biomedizin bestimmt: Sein älterer Bruder Alfred Henry war Zoologe, sein Vater der bedeutende Arzt Alfred Baring Garrod, ein Wegbereiter der Forschung zur rheumatoiden Arthritis, der auch die Verbindung zwischen Harnsäurestoffwechsel und Gicht entdeckt hatte. Nach seinem Medizinstudium an der Universität Oxford begann Archibald Garrod seine Forscherkarriere mit der Untersuchung seltener Krankheiten wie der Alkaptonurie, einer Erbkrankheit, bei der der Urin der Betroffenen schwarz gefärbt ist. Er sammelte von seinen Patienten Urinproben und Informationen zu ihrer Herkunft. Unter dem Einfluss von William Bateson und der neuen Mendelschen Vererbungslehre postulierte Garrod, dass Stoffwechselvariationen, die er als »chemische Individualitäten« bezeichnete, solche seltenen Krankheiten erklären könnten. 1902 veröffentlichte er seine Ergebnisse in *The Incidence of Alkaptonuria: a Study in Chemical Individuality*, in dem er den ersten Fall rezessiver Vererbung beim Menschen vorstellte. Damit ermöglichte er die Identifizierung angeborener Stoffwechselstörungen und begründete das neue Forschungsgebiet der medizinischen Genetik.

1908 hielt Garrod seine *Croonian Lecture* vor dem Londoner *Royal College of Physicians* zum Thema »Angeborene Stoffwechselstörungen« – ein historischer Moment für Biochemie, Genetik und Medizin. Mithilfe von Gregor Mendels Segregationsregel erklärte er die Weitergabe von Merkmalen und Krankheiten wie Alkaptonurie, Albinismus, Cystinurie und Pentosurie beim Menschen. Anfangs fand dieses neue Konzept nur wenig Beachtung, sowohl bei den Genetikern, die sich in Biometriker und Mendelianer aufteilten, als auch bei der Ärzteschaft, die sich ganz einfach nicht sonderlich für seltene Erbkrankheiten interessierte.

Garrod setzte sich für die Berücksichtigung der Grundlagenforschung in der Medizin ein und gründete mit Sir William Osler die *Association of the Physicians of Great Britain*. Zu den Zielen dieser Ärztevereinigung gehörte die Herausgabe einer neuartigen medizinischen Fachzeitschrift mit Ergebnissen aus der Grundlagenforschung, die keine direkte klinische Anwendung besaßen.

Die Fortschritte in der medizinischen Genetik verdanken wir eher Garrods Forscherneugierde als seinem ärztlichen Geschick. Man berichtete, er gebe sich nur mit Patienten ab, um an deren Urinproben zu kommen. Aber seine Kombination aus Familien- und Probenanalyse hat viel zum modernen Verständnis von Erbkrankheiten beigetragen. Heute sind die genetischen Ursachen von mehr als 4800 monogenetischen Krankheiten beim Menschen bekannt, und dank Archibald Garrod arbeiten Ärzte gemeinsam mit Grundlagenforschern an neuen Behandlungsmethoden. Ihr Augenmerk gilt dabei den »chemischen Individualitäten« und wie diese durch das Zusammenspiel von Genetik, Epigenetik und Umweltfaktoren modelliert werden.

Thomas Bourgeron

GENE &
IMMUNDEFIZIENZ

30 Sekunden Genetik

3-SEKUNDEN-KONZENTRAT
Sie kommen zwar selten vor, aber die zahlreichen mono-genetischen, das heißt von der Mutation eines einzigen Gens hervorgerufenen Krankheiten des Immun-systems prädisponieren für Infektionen, Allergien, Auto-immunität, Entzündungen und Krebs.

3-MINUTEN-GEDANKE
Die Erforschung der Ursa-chen von Immundefizienzen vermittelt auch Einblicke in die Funktionsweise des Im-munsystems und streicht die Bedeutung der Teile des Im-munsystems heraus, die uns vor Infektionen schützen. Ein Beispiel dafür ist das für die Antikörperproduktion benö-tigte Enzym Aktivierungs-induzierte Cytidin-Desami-nase (AID), ein weiteres die Entdeckung, dass dieselben genetischen Defekte, die die Produktion von Interferon γ beeinträchtigen, auch zu einer Prädisposition gegenüber mykobakteriellen Infektionen führen.

Genetiker haben 300 Gene ent-deckt, die bei Erkrankungen des Immunsystems mu-tiert sind. Die Häufigkeit solcher Mutationen liegt bei 1 : 3000–4000, und ein hoher Anteil der Betroffenen leidet unter Immunschwächesymptomen. Funktions-störungen des Immunsystems prädisponieren für Infektionen, Autoimmunität (der Körper löst Immun-antworten gegen die eigenen gesunden Zellen aus), Entzündungen, Allergien und Krebs. Einige Patienten, so bei einem schweren kombinierten Immundefekt, sind anfällig für Infektionen durch alle möglichen Mikroorganismen, andere dagegen nur für ganz wenige Arten von Infektionen. Immunschwäche kann alle Aspekte der Immunantwort und sowohl die an-geborene als auch die adaptive Immunität betreffen – Letztere in besonderem Maße. Am häufigsten wirken sich genetische Defekte des Immunsystems in einer Beeinträchtigung der Antikörperproduktion durch B-Lymphozyten aus, gefolgt von einem Mangel an T-Lymphozyten und Phagozyten. Die frühzeitige Diagnose solcher Störungen ist wichtig für eine erfolgreiche Behandlung. Zu den üblichen Therapie-ansätzen gehören Proteinersatz, Zellersatz, Genthera-pie sowie gezielte Modulation von Entzündungen und Autoimmunreaktionen.

VERWANDTE THEMEN
DOMINANTE & REZESSIVE ERBKRANKHEITEN
Seite 104

KREBSGENETIK
Seite 112

3-SEKUNDEN-BIOGRAFIEN
ROBERT ANDERSON ALDRICH
1917–1998
Amerikanischer Kinderarzt, der zeigen konnte, dass das 1937 von Alfred Wiskott ent-deckte Immundefizienzsyndrom Chromosom-X-gekoppelt von Generation zu Generation weitergegeben wird. Die Krankheit ist unter dem Namen Wiskott-Aldrich-Syndrom bekannt.

ROBERT ALAN GOOD
1922–2003
Amerikanischer Mediziner, der als Begründer der modernen Immunologie gilt und das Ärzte-team anführte, dem 1968 die erste erfolgreiche Knochen-marktransplantation gelang

30-SEKUNDEN-TEXT
Alain Fischer

Genetische Defekte können mehrere Zell-typen des Immun-systems betreffen.

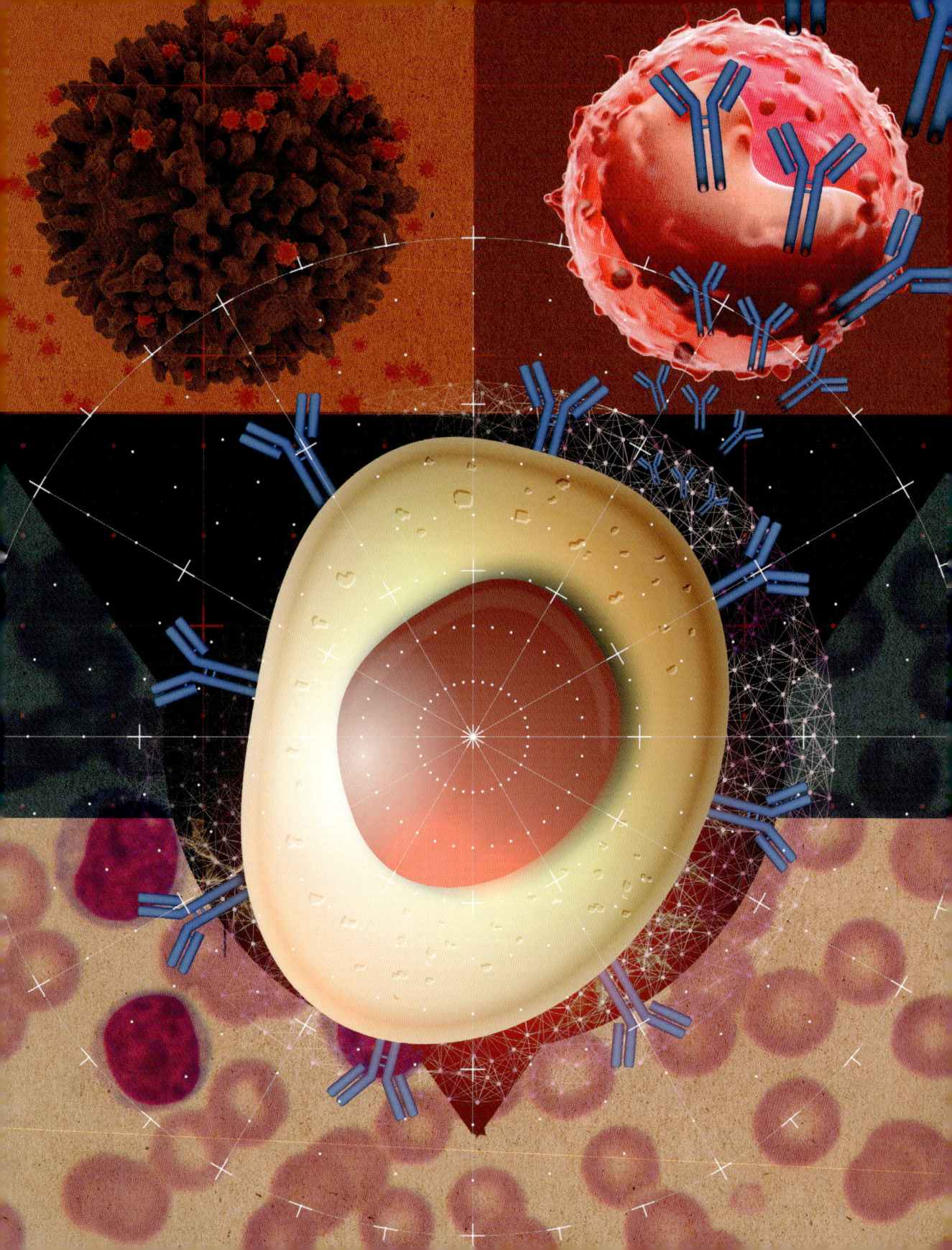

AUTISMUSGENETIK
30 Sekunden Genetik

Mehr als ein Prozent der Welt-

bevölkerung leidet an Autismus. Autisten zeichnen sich durch atypische Kommunikations- und Sozialfähigkeiten, eingeschränkte Interessen und stereotype, sich wiederholende Verhaltensweisen aus. Als Autismus wird eigentlich ein ganzes Spektrum von Verhaltensweisen bezeichnet. Er tritt meist zusammen mit anderen klinischen geistigen und körperlichen Zuständen wie geistigen Behinderungen, Epilepsie, Schlafstörungen und Magen-Darm-Problemen auf. Mehr als 100 Risiko-Gene für Autismus sind bekannt. Für sein Auftreten reicht manchmal, insbesondere wenn geistige Behinderung und Autismus zusammenfallen, schon eine einzige Mutation aus. Bei anderen Betroffenen ist dagegen die genetische Architektur weit komplexer und umfasst mehr als 1000 genetische Variationen, die sich einzeln kaum auswirken, insgesamt aber das Autismus-Risiko deutlich erhöhen. Viele der Risiko-Gene kodieren wichtige Regulatoren der Gehirnkonnektivität und steuern den Kontakt zwischen den Neuronen (Synapsen). Veränderungen dieser Schlüsselproteine können sich auf Anzahl und Stärke der Synapsen und damit auf die Verschaltungen innerhalb des Gehirns auswirken. Die moderne Autismusforschung hat sich zum Ziel gesetzt, die Funktion dieser Gene bei der Gehirnentwicklung aufzudecken. Mit den Erkenntnissen sollten sich Diagnose, Betreuung und Integration der Betroffenen in die Gesellschaft verbessern lassen.

3-SEKUNDEN-KONZENTRAT
Die Genetik des Autismus unterscheidet sich von Mensch zu Mensch, aber am meisten beteiligt sind Gene, die die Gehirnkonnektivität steuern.

3-MINUTEN-GEDANKE
Von Autisten ohne sprachliche Fähigkeiten bis hin zu solchen mit Asperger-Syndrom, die durch hohe kognitive Fähigkeiten auffallen, reicht die Bandbreite. Das meiste vorhandene Wissen zur Genetik des Autismus stammt aus Untersuchungen monogenetischer, das heißt durch ein einziges Gen verursachter Erscheinungsformen. Mäuse mit diesen Mutationen fallen durch atypisches Sozialverhalten und Ultraschallvokalisation auf. Neurobiologische Studien an Autisten zeigen Unterschiede in der synaptischen Plastizität, sprich der Reaktionsfähigkeit der Synapsen auf Umweltsignale.

VERWANDTE THEMEN
DOMINANTE & REZESSIVE ERBKRANKHEITEN
Seite 104

GENE & IMMUNDEFIZIENZ
Seite 108

3-SEKUNDEN-BIOGRAFIEN
LEO KANNER
1894–1981
Österreichisch-amerikanischer Psychiater und Arzt, der als Erster Fälle von Autismus beschrieb

HANS ASPERGER
1906–1980
Österreichischer Kinderarzt und Entdecker des Asperger-Syndroms

30-SEKUNDEN-TEXT
Thomas Bourgeron

Autismus ist eine Krankheit mit vielfältigen Erscheinungsformen, an der zahlreiche Gene beteiligt sein können. Oft sind es für die Organisation der Synapsen im Gehirn verantwortliche Gene.

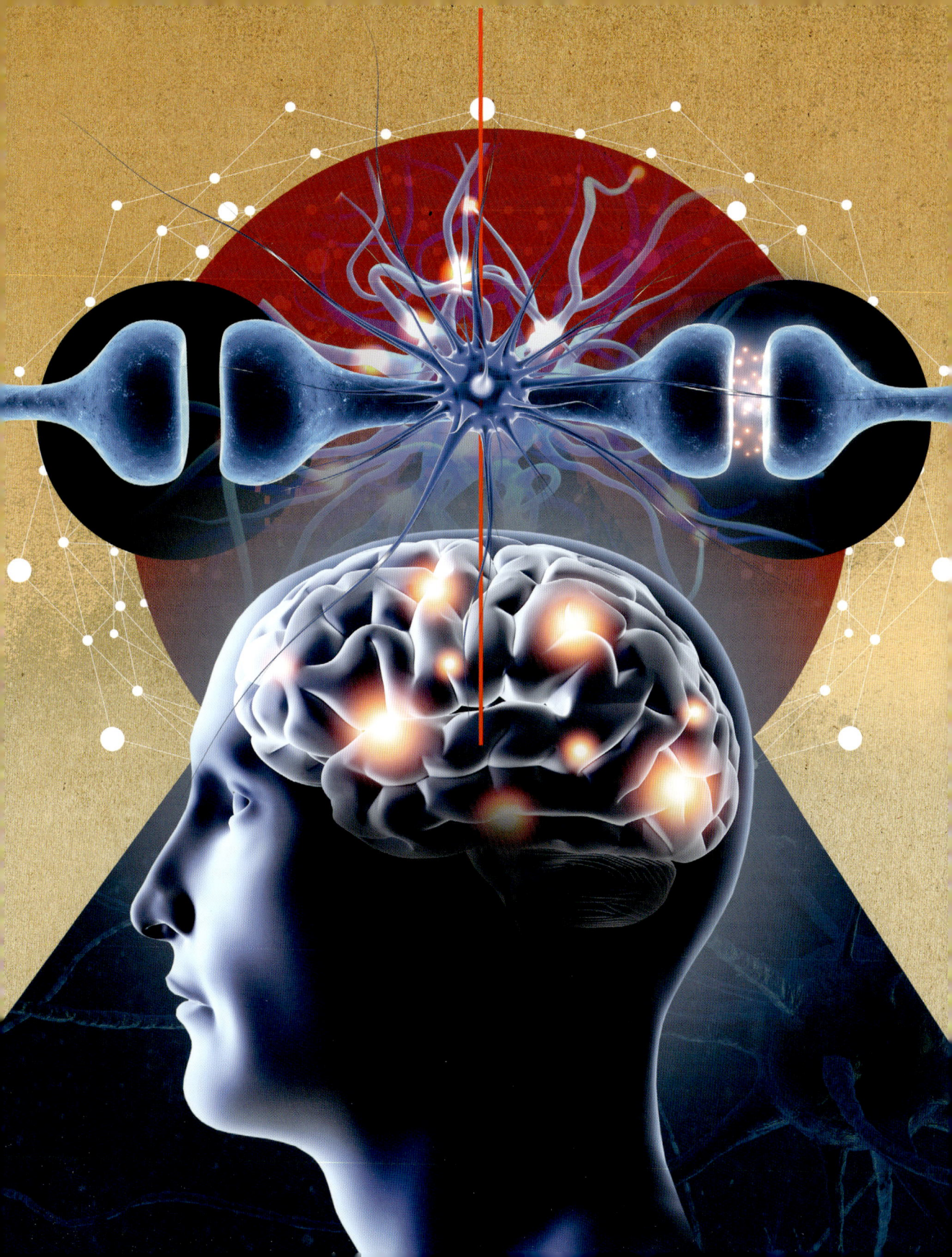

KREBSGENETIK

30 Sekunden Genetik

3-SEKUNDEN-KONZENTRAT

Krebs ist die häufigste genetische Krankheit beim Menschen und betrifft Jung und Alt, Reich und Arm gleichermaßen.

Zwar werden auch einige Krebs-Mutationen vererbt, aber die meisten Krebsformen entstehen durch genetische Veränderungen im Laufe des Lebens. Für nicht weniger als ein Fünftel aller Krebserkrankungen sind vermutlich Infektionen verantwortlich, und laut Experten ließen sich durch Nichtrauchen, eine gesunde Lebensweise sowie Impfungen gegen Virusinfektionen über 30 Prozent der Krebserkrankungen vermeiden. Sozusagen als Zugabe hat die Krebsgenetik aber auch zahlreiche Erkenntnisse über Wachstum und Teilung normaler Zellen geliefert.

Krebs ist eine grausame Krank-

heit und eine der häufigsten Todesursachen weltweit. Er entsteht, wenn normale Körperzellen die Kontrolle über den Zellzyklus verlieren, sich pausenlos teilen und im Körper weiterverbreiten. Die sich schnell teilenden Krebszellen bilden Gewebeverbünde – Tumore. Gutartige Tumore breiten sich nicht in umliegende Gewebe aus, bösartige dagegen schon, wobei sie die betroffenen Gewebe zerstören (Metastasen). Krebs ist eine genetische Krankheit, verursacht durch Mutationen in Zellzykluskontrollgenen. Bei den Keimbahnmutationen werden die genetischen Veränderungen von den Eltern an die Kinder vererbt (erbliche Krebssyndrome). Die meisten Krebsformen resultieren jedoch aus genetischen Veränderungen, die im Laufe des Lebens auftreten. Häufig werden diese als somatische Mutationen bezeichneten Formen durch Fehler bei der Zellteilung, chemische Substanzen (zum Beispiel im Tabakrauch) oder Strahlung (etwa UV-Strahlen) verursacht. Krebs-Mutationen können sogenannte Onkogene aktivieren, die Zellen zur Teilung antreiben. Alternativ können Krebs-Mutationen auch Gene lahmlegen (Tumorsuppressorgene), die normalerweise das Zellwachstum verhindern. Das Wissen, welche Gene in einem Tumor betroffen sind, hilft Ärzten dabei, die Behandlung anzupassen und Vorhersagen über das Krebsrisiko für Familienmitglieder zu treffen.

VERWANDTE THEMEN

DER ZELLZYKLUS
Seite 48

MUTATIONEN & POLYMORPHISMEN
Seite 68

DNA-SCHÄDEN & REPARATUR
Seite 70

3-SEKUNDEN-BIOGRAFIEN

THEODOR HEINRICH BOVERI
1862–1915
Deutscher Biologe und Entdecker der zellulären Prozesse, die Krebs auslösen

ALFRED GEORGE KNUDSON
1922–2016
US-Mediziner, der als Erster postulierte, wie gehäufte Mutationen zu Krebs führen

HARALD ZUR HAUSEN
geb. 1936
Deutscher Virologe, der für seine Entdeckung, dass HPV Gebärmutterhalskrebs auslösen kann, mit dem Nobelpreis ausgezeichnet wurde

30-SEKUNDEN-TEXT

Jonathan Weitzman

Zu verstehen, welche Gene an Krebs beteiligt sind, ist grundlegend.

GENTECHNISCHE METHODEN & EXPERIMENTELLE ANSÄTZE

GENTECHNISCHE METHODEN & EXPERIMENTELLE ANSÄTZE
GLOSSAR

Allele Alternative Varianten eines Gens, die aus einer veränderten DNA-Sequenz oder Expression resultieren. Allele können rezessiv sein, das heißt nur wirken, wenn sie in zwei Kopien vorliegen, oder aber dominant, sodass schon eine einzelne Kopie eine Wirkung erzielt.

Apoptose Zelluläres Suizidprogramm in multizellulären Organismen. Exakt gesteuerter Prozess mit eingebundenen biochemischen Ereignissen, die zum Zelltod führen. Eine besondere Rolle spielt sie während der embryonalen und kindlichen Entwicklung, denn in diesen Phasen sterben jeden Tag Milliarden von Zellen. Sie dient auch der Beseitigung schadhafter Zellen.

Chromosomenpaare Lange DNA-Stränge, auf denen sich die genetische Information und die Gene befinden. In eukaryotischen Zellen sind die Chromosomen im Zellkern verpackt und bestehen aus DNA, Proteinen und einer geringen Menge RNA. Prokaryotische Zellen (ohne Zellkern) besitzen ein einziges Chromosom aus 100 Prozent DNA. Als Autosomen werden alle Chromosomen außer den Geschlechtschromosomen X und Y bezeichnet. Sie kommen in Paaren vor, die jeweils dieselben Gene tragen.

DNA-Marker DNA-Sequenz von einer bekannten Position auf einem Chromosom, die zur Identifizierung von Individuen oder Arten verwendet wird.

DNA-Microarrays Miniaturtechnologie, mit der man die Expressionsniveaus einer größeren Anzahl von Genen oder mehrere Regionen eines Genoms gleichzeitig untersuchen kann. Zunächst werden dafür spezifische DNA-Abschnitte als Sonden auf einer festen Oberfläche platziert. Darauf gibt man DNA- oder RNA-Proben auf die Oberfläche und prüft, an welcher Sonde sie anhaften (oder hybridisieren). Microarrays werden manchmal auch als »DNA-Chips« bezeichnet.

DNA-Polymerase Enzym, das einzelne Nukleotide zu einem DNA-Strang zusammenfügt und für die richtige Nukleotidabfolge einen anderen DNA-Strang als Matrize benötigt. Zellen verwenden die DNA-Polymerase für die Verdopplung ihres Genoms, bevor sie sich teilen. Biotechnologen verwenden sie im Labor, um DNA-Abschnitte für Klonierungsexperimente zu amplifizieren.

DNA-Sequenzierung Methode, mit der sich die Nukleotidabfolge in einem DNA-Molekül genau feststellen lässt. Die ursprünglichen Verfahren waren langsam und mühselig, die modernen sind jedoch schnell und automatisiert. DNA-Sequenzierungen gehören heute in der medizinischen Diagnostik, der Biotechnologie und der Forensik zur täglichen Routine.

Einzelnukleotid-Polymorphismus (SNP, engl. Single Nucleotide Polymorphism) Variation in einem einzigen Nukleotid an einer bestimmten Position im Genom, wobei jede Variation in einem gewissen Ausmaß in einer Population vertreten ist. SNPs verursachen viele Krankheiten, vor allem wenn sie Proteinstruktur und -funktion beeinflussen.

Eukaryot Organismus aus Zellen mit ausgeprägtem Zellkern und Zytoplasma. Lebende Zellen ohne Zellkern, etwa Bakterien, nennt man Prokaryoten. Eukaryoten können einzellig sein wie Hefen oder vielzellig wie der Mensch.

Genom Kompletter Satz des genetischen Materials eines Organismus oder einer Zelle. Die Genomik, das Studium des Genoms eines Organismus, befasst sich mit dessen Evolution, Funktion und Struktur.

Genotyp und Phänotyp Ein Genotyp ist eine DNA-Sequenz einer Zelle oder eines Organismus, die ein bestimmtes Charakteristikum (genannt Merkmal oder Phänotyp) der Zelle oder des Organismus festlegt. Als Phänotyp bezeichnet man ein erkennbares Merkmal einer Zelle oder eines Organismus (zum Beispiel Form, Entwicklung, Verhalten, biochemische oder physiologische Eigenschaften).

Mukoviszidose Erbkrankheit, die hauptsächlich die Lungen und einige andere Gewebe betrifft. Patienten leiden unter Atemschwierigkeiten und häufigen Lungeninfektionen. Die Krankheit wird autosomal-rezessiv vererbt. Gesunde Eltern können heterozygote Träger einer mutierten Kopie des CFTR-Gens sein, während die betroffenen homozygoten Kinder zwei mutierte Kopien haben – je eine von jedem Elternteil.

Nukleotide Bausteine der DNA oder RNA. Die Nukleotidstränge nennt man Nukleinsäuren. In der DNA kommen die vier Nukleotide T, C, G und A vor, in der RNA die vier Ribonukleotide U, C, G und A. Nukleotide werden auch Basen genannt. DNA-Basen können gepaart werden, A mit T und C mit G.

Rekombinationsfrequenz Maß für den Abstand zweier Loci in genetischen Kopplungskarten. Die Rekombinationsfrequenz beschreibt die Häufigkeit eines einfachen Crossovers zwischen zwei Genen während der Meiose.

Rückkopplungsschleife Selbstregulierendes System, bei dem der Output eines Signalwegs den Ausgangsprozess reguliert und so ein Kreislauf gebildet wird. Je nachdem, ob dabei das Signal verstärkt oder gedrosselt wird, spricht man von einer positiven oder negativen Rückkopplungsschleife.

MODELLORGANISMEN

30 Sekunden Genetik

Bei allen lebenden Organismen

trägt die DNA die genetische Information. Deshalb
können die unterschiedlichsten Organismen als
Modelle für das Verständnis der menschlichen Physiologie und die Erforschung von Krankheiten dienen.
Im Labor werden meist Modellorganismen verwendet,
die sich leicht züchten und pflegen lassen, nicht selten mit besonders kurzen Lebenszyklen, sodass man
leicht mehrere Generationen untersuchen kann. Bei
bestimmten Experimenten entscheiden sich Forscher
auch für Modellorganismen mit leicht zu messenden
Merkmalen wie Körpergröße oder Lebensdauer.
Heute stehen sie im Labor in großer Vielfalt zur Verfügung. Mit einem der ersten Modellorganismen,
dem Bakterium *Escherichia coli* (*E. coli*), wurden die
grundlegenden Mechanismen der Genregulation
entschlüsselt, und einzellige Organismen wie die »Bäckerhefe« *Saccharomyces cerevisiae* trugen erheblich
zum heutigen genetischen und zellbiologischen Wissensstand bei. Man kann sogar Proteine, die in der
Hefe für die Kontrolle des Zellzyklus zuständig sind,
durch menschliche ersetzen. So war die Fruchtfliege
Drosophila melanogaster für das Studium von Entwicklungsprozessen von unschätzbarem Wert. Und
der Fadenwurm *Caenorhabditis elegans* lehrte uns,
wie Zellen durch den evolutionär konservierten Prozess der Apoptose sterben. Mäuse mit spezifischen
Genmutationen dienen als besonders aussagekräftige
Modelle für menschliche Krankheiten.

*Forscher verwenden
oft Bakterien, Frucht-
fliegen oder Mäuse als
Modellorganismen.*

DER GENETISCHE FINGERABDRUCK

30 Sekunden Genetik

Nicht nur der Fingerabdruck von uns Menschen ist einzigartig, dasselbe gilt auch für unsere DNA. So wie die Spurensicherung am Tatort Fingerabdrücke sicherstellt, bestimmen die Genetiker mithilfe von polymorphen DNA-Sequenzen den genetischen Fingerabdruck. Die zu verwendenden DNA-Abschnitte werden so ausgewählt, dass sie Gene mit zahlreichen Allelen enthalten und die Häufigkeit der Allele in allen Populationen bekannt ist. Jedes ausgewählte Gen hat je ein Allel von jedem Elternteil. So wird der genetische Fingerabdruck in strittigen Fällen für die Feststellung der Vaterschaft verwendet, denn jedes Allel, das ein Kind nicht von seiner Mutter hat, muss vom Vater stammen. Mithilfe des genetischen Fingerabdrucks kann man menschliche Überreste oder biologisches Material identifizieren, das an einem Tatort sichergestellt wurde. Ein Forensiker bestimmt die Genotypen der ausgewählten Gene und berechnet dann die Wahrscheinlichkeit, mit der eine Person diese besondere Kombination von Genotypen trägt, indem er die Häufigkeiten der Genotypen miteinander multipliziert. Oft ist die ermittelte Wahrscheinlichkeit so gering, dass weltweit nur eine Person mit dieser besonderen Genotypenkombination existiert.

3-SEKUNDEN-KONZENTRAT
Die Analyse weniger charakteristischer Gene reicht aus, um den genetischen Fingerabdruck für Vaterschaftstests, Tatortanalysen oder die Identifizierung von sterblichen Überresten zu bestimmen.

3-MINUTEN-GEDANKE
Der britische Genetiker Alec Jeffreys erkannte in den 1980er-Jahren als Erster das Potenzial des genetischen Fingerabdrucks. Er verwendete ihn zur Klärung einer strittigen Vaterschaft sowie zur Überführung eines Mörders und Vergewaltigers. Jeffreys ursprünglicher Ansatz basierte auf der standardisierten und reproduzierbaren Analyse zahlreicher Gene. Mittlerweile wird der genetische Fingerabdruck weltweit bei Sachverhalten eingesetzt, die eine persönliche genetische Identifizierung erfordern.

VERWANDTE THEMEN
DIE MENDELSCHEN VERERBUNGSREGELN
Seite 16

MUTATIONEN & POLYMORPHISMEN
Seite 68

3-SEKUNDEN-BIOGRAFIEN
ALEC JEFFREYS
geb. 1950
Britischer Genetiker, der die ersten Methoden zur Bestimmung des genetischen Fingerabdrucks entwickelte und sie für die Klärung der Vaterschaft und die Analyse von Tatortspuren verwendete

PETER NEUFELD & BARRY SCHECK
geb. 1950 bzw. 1949
Amerikanische Rechtsanwälte und Gründer des *Innocence Project*, das das Ziel verfolgt, zu Unrecht verurteilte Justizopfer mithilfe des genetischen Fingerabdrucks zu entlasten

30-SEKUNDEN-TEXT
Mark Sanders

Zu den zahlreichen Anwendungen des genetischen Fingerabdrucks gehört auch der Vaterschaftstest.

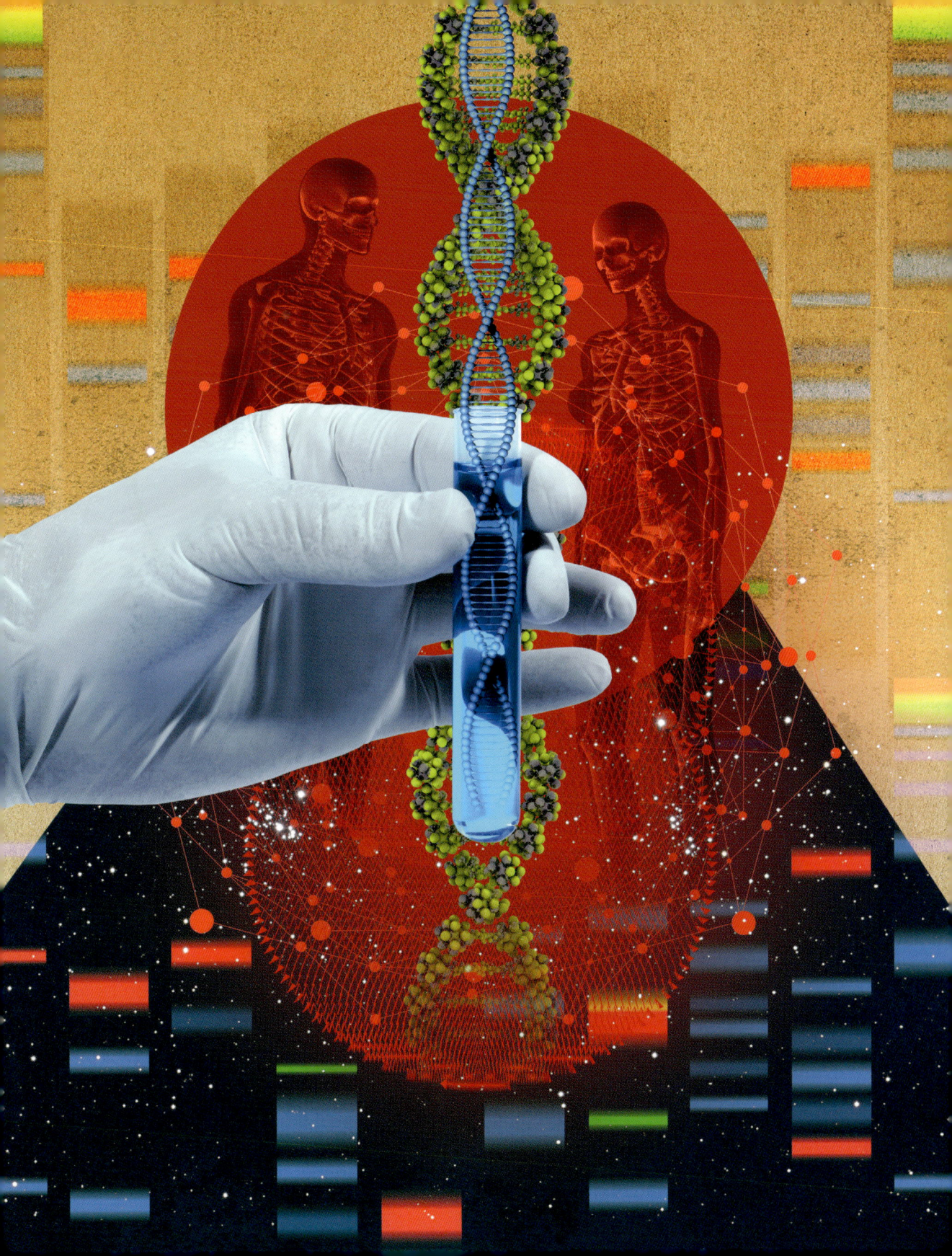

GENTESTS
30 Sekunden Genetik

3-SEKUNDEN-KONZENTRAT
Mit Gentests kann man DNA-Mutationen sowie abnorme Blutproteine und Chromosomen identifizieren, die mit Erbkrankheiten verbunden werden.

3-MINUTEN-GEDANKE
Gentests können Anomalien in Proteinen, Chromosomen oder Genen aufdecken. Fachleute sollten die Ergebnisse sorgfältig auswerten und behutsam mit Patienten oder deren Angehörigen besprechen. Einige Erbkrankheiten bei Neugeborenen kann man sofort behandeln. Der Identifizierung einer Mutation und der Diagnose einer Krankheit sollten in manchen Fällen Tests bei anderen Familienmitgliedern folgen, um festzustellen, ob sie ebenfalls betroffen sind. Wird eine Mutation entdeckt, die mit einem erhöhten Krebsrisiko verbunden ist, besteht die Möglichkeit zur genauen Überwachung der betreffenden Person.

Mit Gentests lassen sich Mutationen in der DNA oder Anomalien in Blutproteinen als Anzeichen für eine genetische Krankheit aufspüren. Gentests gehören seit den 1970er-Jahren in Krankenhäusern zur Routine. Bei pränatalen Gentests wird die DNA auf Mutationen hin untersucht. Mit einem Karyogramm, einer Chromosomenuntersuchung, sucht man nach zusätzlichen oder fehlenden Chromosomen bzw. Chromosomensegmenten. Bei Neugeborenen wird das Blut mit Gentests auf Anzeichen für etwa 50 seltene, aber behandelbare Erbkrankheiten untersucht. Einige der dabei entdeckten Erbkrankheiten lassen sich durch eine besondere Ernährungsweise oder durch Medikamente behandeln, sodass keine Symptome auftreten oder die Krankheit weniger schwer verläuft. Bei älteren Menschen können Ärzte mit Gentests den Verdacht auf eine Krankheit bestätigen, das Mutationsmuster eines Patienten bestimmen oder heterozygote Träger einer Mutation identifizieren. Im Idealfall können Gentests Betroffene mit krankheitsverursachenden Mutationen identifizieren, bevor Symptome der betreffenden Krankheit auftreten. So erleichtern Gentests zur Ermittlung von Mutationen, die das Risiko bestimmter Krebsarten erhöhen, dem Arzt die Erstellung eines passenden Behandlungsplans. Mittlerweile gibt es auch kommerzielle Anbieter personalisierter Gentests.

VERWANDTE THEMEN
MUTATIONEN & POLYMORPHISMEN
Seite 68

DOMINANTE & REZESSIVE ERBKRANKHEITEN
Seite 104

PERSONALISIERTE GENOMIK & MEDIZIN
Seite 140

3-SEKUNDEN-BIOGRAFIEN
ROBERT GUTHRIE
1916–1955
Amerikanischer Mikrobiologe und Entwickler des Guthrie-Tests, mit dem sich die behandelbare Erbkrankheit Phenylketonurie (PKU) bei Neugeborenen diagnostizieren lässt

FRANCIS COLLINS
geb. 1950
Amerikanischer Genetiker und ehemaliger Direktor des Humangenomprojekts, der viel zum Verständnis genetischer Krankheiten beigetragen hat

30-SEKUNDEN-TEXT
Mark Sanders

Mit Gentests an Föten und Neugeborenen lassen sich Erbkrankheiten feststellen.

GENETISCHE KARTEN
30 Sekunden Genetik

3-SEKUNDEN-KONZENTRAT
Eine genetische Karte zeigt
die Reihenfolge der Gene
und die Abstände zwischen
den Genen auf einem
Chromosom an.

3-MINUTEN-GEDANKE
Traditionell galten Gene
als Vererbungsein-
heiten von körperlichen
Merkmalen. Aber ein Gen
kann viele verschiedene
Erscheinungsformen
haben. Zum Beispiel zeigen
im menschlichen Genom
Millionen von Stellen
Variationen eines einzelnen
Basenpaars von Individuum
zu Individuum. Diese so-
genannten Einzelnukleotid-
Polymorphismen oder SNPs
(gesprochen »Snips«, für
englisch *Single Nucleotide
Polymorphisms*) werden
wie Gene vererbt. Sie
waren äußerst nützlich für
die Erstellung detaillierter
Chromosomenkarten und
die Positionierung der
einzelnen Gene auf der
Karte.

Während geografische Karten
nützliche Hilfsmittel für die Erkundung einer Gegend
sind, zeigen genetische Karten die Anordnung der
Gene auf einem Chromosom. Gene, die weit voneinander entfernt sind oder sich auf unterschiedlichen
Chromosomen befinden, folgen der Mendelschen
Spaltungsregel. Dagegen sind Gene bzw. Allele, die
nahe beieinander auf demselben Chromosom liegen,
genetisch miteinander gekoppelt und werden meist
zusammen weitergegeben. Sie können nur durch
meiotische Rekombinationsereignisse zwischen
den Chromosomenpaaren, sogenannte Crossover,
voneinander getrennt werden. Genetiker bestimmen
die Häufigkeit, mit der Allele gekoppelter Gene gemeinsam weitergegeben werden, und diejenige von
Crossovern mit getrennter Weitergabe. Allgemein gesprochen gilt: Je häufiger die Crossover, desto weiter
liegen die Allele voneinander entfernt. Gene, die nahe
beieinander liegen, werden seltener durch Crossover
voneinander getrennt. Genetiker verwenden die Rekombinationsfrequenz, um den Abstand zwischen
den Genen und die Reihenfolge der Gene auf einem
Chromosom zu bestimmen. Wie Städte und Ortschaf-
ten, die einander an einer Fernstraße folgen, werden
auch die Gene in der passenden Reihenfolge und mit
den passenden Abständen voneinander auf einem
Chromosom kartiert. Genetische Karten spielten eine
wichtige Rolle bei den ersten Genomsequenzierungs-
projekten.

VERWANDTE THEMEN
DIE MENDELSCHEN
VERERBUNGSREGELN
Seite 16

DAS HUMANGENOMPROJEKT
Seite 30

DER GENETISCHE
FINGERABDRUCK
Seite 120

3-SEKUNDEN-BIOGRAFIEN
THOMAS HUNT MORGAN
1866–1945
Amerikanischer Genetiker, der als
Erster das Konzept der Genkopp-
lung vorschlug

ALFRED STURTEVANT
1891–1970
Amerikanischer Genetiker, der die
erste genetische Karte entwarf

THE INTERNATIONAL SNP MAP
WORKING GROUP
1998–2001
Internationales Konsortium, das
über 1,4 Millionen SNPs im Genom
des Menschen kartierte

30-SEKUNDEN-TEXT
Mark Sanders

*Wie geografische zeigen
auch genetische Karten
die Lage der wichtigsten
Orientierungspunkte.*

DNA-SEQUENZIERUNG

30 Sekunden Genetik

3-SEKUNDEN-KONZENTRAT
Mithilfe der DNA-Sequenzierung können Wissenschaftler die Reihenfolge der Nukleotide in der DNA bestimmen.

3-MINUTEN-GEDANKE
Vergleicht man die DNA-Sequenzen zweier Japaner oder eines Japaners und eines Norwegers, so beträgt der Unterschied beide Male etwa 0,15 Prozent. Beim ersten Vergleichspaar mag die Variation mit beispielsweise 0,14 Prozent leicht niedriger sein als beim zweiten mit 0,16 Prozent, aber die beiden Werte liegen erstaunlich nahe beieinander. Die Genome von Individuen, die in großer geografischer Entfernung voneinander leben, variieren also nur geringfügig mehr als die von nahe beieinander wohnenden.

Stellen wir uns eine Geschichte

vor, die eine Million Buchseiten mit je 3000 Buchstaben umfasst. Das ist die Geschichte unserer DNA. Die DNA ist ein langer Doppelstrang aus Nukleotiden, sprich Buchstaben, von denen es genau vier gibt – A für Adenin, T für Thymin, G für Guanin und C für Cytosin. Ein Vier-Buchstaben-Alphabet klingt zwar einfach, aber man bedenke, dass unsere DNA eine Länge von drei Milliarden Buchstaben hat! Aus diesen Buchstaben bestehen all die Gene, die unsere körperlichen Merkmale ausbilden. Die DNA-Sequenzierung gilt als wichtigste Methode der Molekularbiologie, denn mit ihrer Hilfe lässt sich die Reihenfolge der Nukleotide in der DNA bestimmen. Sie gehört zur täglichen Routine der Forscher und Ärzte, die die Funktionsweise der Gene untersuchen und verstehen wollen, wie Veränderungen der Buchstabenabfolge Krankheiten wie Krebs und Mukoviszidose auslösen. DNA-Sequenzierungen liefern auch Erkenntnisse über das Ausmaß der genetischen Variation in ausgewählten Populationen. 2015 sequenzierten die Forscher die Genome von mehr als 2500 Individuen aus der ganzen Welt und verglichen deren Nukleotidabfolgen miteinander. Wie sich herausstellte, sind Menschen einander genetisch sehr ähnlich. Die DNA zweier zufällig ausgewählter Personen unterscheidet sich um gerade einmal 0,15 Prozent, das heißt, unsere DNA-Sequenzen sind zu 99,85 Prozent identisch.

VERWANDTE THEMEN
DIE DOPPELHELIX
Seite 22

DAS HUMANGENOMPROJEKT
Seite 30

MUTATIONEN &
POLYMORPHISMEN
Seite 68

3-SEKUNDEN-BIOGRAFIEN
FREDERICK SANGER
1918–2013
Britischer Biochemiker, der eine der ersten DNA-Sequenzierungsmethoden entwickelte und dafür 1980 seinen zweiten Chemie-Nobelpreis erhielt – nach 1958 für Forschungen zur Proteinstruktur

WALTER GILBERT
geb. 1932
Amerikanischer Biochemiker, Pionier der DNA-Sequenzierung und Verfechter des Humangenomprojekts

30-SEKUNDEN-TEXT
Robert Brooker

Mit der DNA-Sequenzierung lässt sich die Reihenfolge der Nukleotide A, T, G und C feststellen.

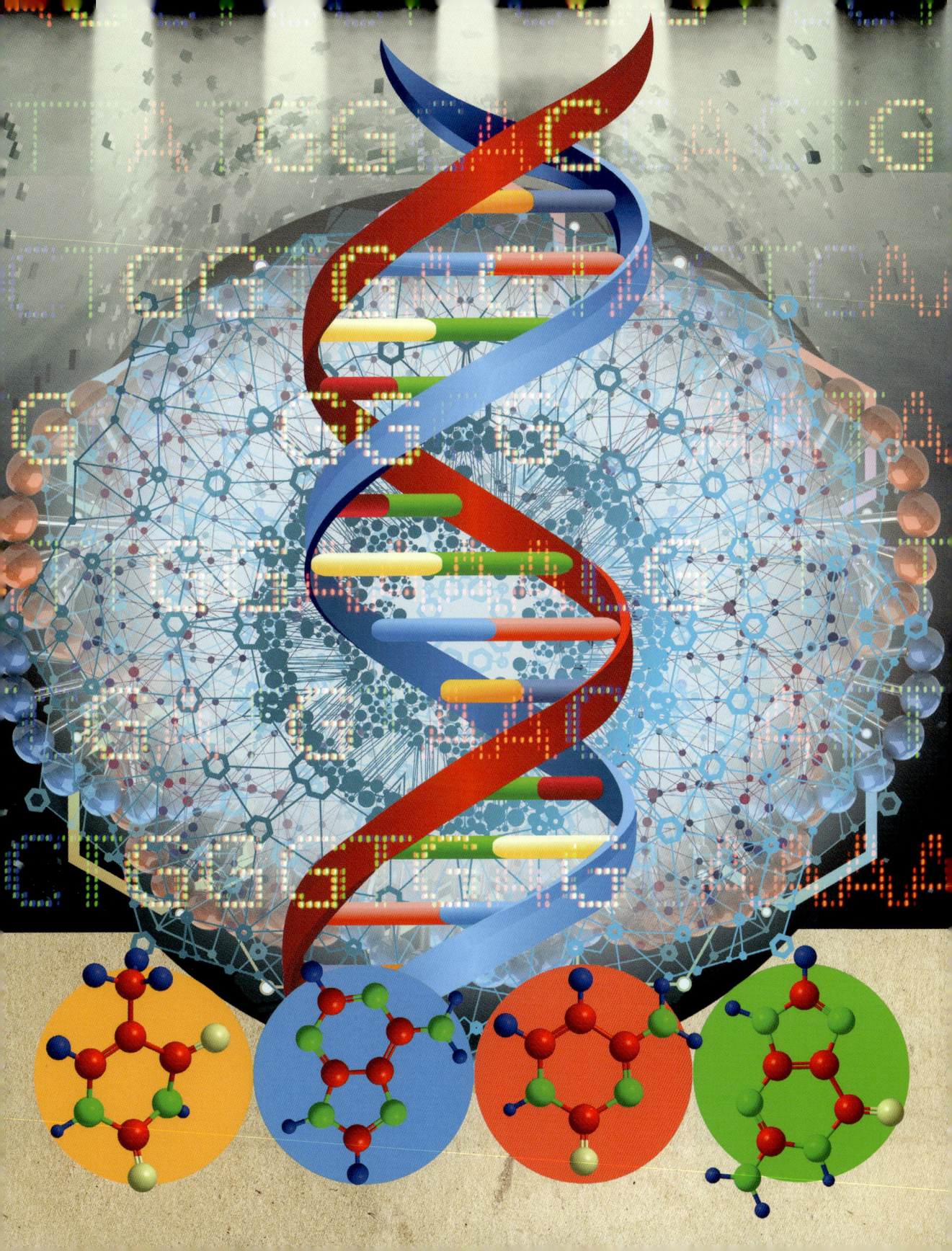

9. Februar 1910
Geboren in Paris

1928
Aufnahme des Biologie-
studiums an der Sorbonne
in Paris

1938
Heiratet die Archäologin
und Orientalistin Odette
Bruhl

1941
Promoviert an der
Sorbonne

1942–1945
Schließt sich der franzö-
sischen Résistance an und
wird schließlich zum Stabschef ernannt

1945–1976
Forscht am Institut Pasteur
in Paris und führt dort
seine berühmten Genregu-
lationsstudien durch

1960
Ausländisches Ehren-
mitglied der *American
Academy of Arts and
Sciences*

1965
Nobelpreis für Physiologie
oder Medizin

1970
Sein berühmtes Werk *Le
hasard et la nécessité.
Essai sur la philosophie
naturelle de la biologie*
erscheint, deutsch 1971 als
*Zufall und Notwendigkeit.
Philosophische Fragen der
modernen Biologie*

1971
Direktor des Institut
Pasteur

31. Mai 1976
Stirbt an Leukämie und
wird an der französischen
Riviera beigesetzt

JACQUES MONOD

Jacques Lucien Monod wurde 1910 als Sohn einer Amerikanerin und eines Franzosen in Paris geboren. Sein Vater Lucien war Maler und zeitlebens eine geistige Inspiration.

1928 nahm Monod ein Biologiestudium an der Sorbonne auf, erkannte aber schon bald, dass das Lehrangebot moderne Forschungsansätze nicht ausreichend berücksichtigte. Später gab er an, außerhalb der Universität viel von etwas älteren Kollegen gelernt zu haben, was wesentlich zu seinem Biologieverständnis beigetragen habe. Seinen ersten Universitätsabschluss machte er 1931. Erst sechs Jahre später kehrte er an die Sorbonne zurück und promovierte 1941 mit einer Dissertation im Bereich Bakterienwachstum. Im Zweiten Weltkrieg war der politisch engagierte Monod aktives Mitglied der französischen Résistance, stieg bis zum Stabschef für Operationen der *Forces Françaises de l'Intérieur* auf und koordinierte Fallschirmabsprünge vor der Landung der Alliierten.

Nach Kriegsende forschte Monod am *Institut Pasteur* in Paris, wo er unter anderem seine berühmten Entdeckungen im Bereich der Genregulation machte. Insbesondere erkannte er, dass Gene in Reaktion auf Veränderungen der Umgebung ein- und ausgeschaltet werden. Monod und sein Kollege François Jacob untersuchten an Bakterien, wie Gene durch Laktose (eine Zuckerart) in ihrer Umgebung reguliert werden. Sie identifizierten einen entscheidenden Regulator, den »Lac-Repressor«, der die Laktosestoffwechselgene abschaltet, wenn in der Umgebung keine Laktose vorhanden ist. Für diese Arbeiten wurde Monod 1965 mit dem Nobelpreis für Physiologie oder Medizin ausgezeichnet, den er sich mit seinen Kollegen François Jacob und André Lwoff teilte, die die Genregulation bei Viren erforscht hatten.

Monod ging auch in die Annalen der Wissenschaftsgeschichte ein für seinen Vorschlag, dass eine bestimmte Art von RNA als Bote wirke, damit die genetische Information für die Proteinsynthese von der DNA zum Ribosom gelangt. Er vermutete, diese RNA, die er »messenger-RNA« (Boten-RNA) nannte, werde von der Nukleotidsequenz der DNA transkribiert und ordne dann die Synthese bestimmter Polypeptide (Proteine) an. Dieser Vorschlag war deshalb besonders bemerkenswert, weil er ihn vor der Entdeckung der mRNA machte.

Monod war auch ein leidenschaftlicher Musiker und Schriftsteller. 1970 veröffentlichte er seine philosophische Abhandlung *Le hasard et la nécessité* (*Zufall und Notwendigkeit*, deutsch 1971), in der er den Prozess der Evolution und die entscheidende Rolle enzymatischer Rückkopplungsschleifen für die Entstehung komplexer biologischer Systeme diskutiert. Er war der Überzeugung, das ultimative Ziel der Wissenschaft sei es, »die Beziehung des Menschen zum Universum zu klären«. 1971 wurde Monod zum Direktor des *Institut Pasteur* ernannt, an dem er bis zu seinem Tod im Jahre 1976 verblieb. Für viele gilt er als einer der Gründerväter der Molekularbiologie.

Robert Brooker

POLYMERASE-KETTENREAKTION (PCR)

30 Sekunden Genetik

3-SEKUNDEN-KONZENTRAT

Die PCR ist eine Methode, mit der man zahlreiche Kopien eines bestimmten DNA-Abschnitts erzeugen kann.

3-MINUTEN-GEDANKE

Die PCR funktioniert, weil jeder DNA-Strang die Sequenzinformationen für die Herstellung einer komplementären Kopie enthält. Zu den zahlreichen Anwendungen der PCR im Labor gehören etwa Funktionsanalysen, die Identifizierung von Mutationen, Klonierungen oder die Erzeugung von transgenen Organismen für die Pharma- und Biotech-Industrie. Die PCR dient auch der Amplifizierung winziger DNA-Mengen aus Tatortspuren, etwa aus einem Blutfleck oder einer Haarwurzel.

PCR steht für »polymerase chain reaction« und ist eine Methode, mit der man DNA in einem Reaktionsgefäß vervielfältigen kann. PCR wird für Klonierungen und die Amplifikation bestimmter DNA-Abschnitte verwendet. Ausgangspunkt ist eine DNA-Probe wie die chromosomale DNA einer menschlichen Zelle. Man fügt kurze DNA-Oligomere (Primer) hinzu, die spezifisch auf beiden Seiten des zu amplifizierenden DNA-Abschnitts binden können. Außerdem enthält das Reagenzglas Nukleotide (Bausteine der DNA) und DNA-Polymerase (Enzym, das Nukleotide zu langen Polymeren verbindet). DNA-Polymerase wird häufig aus Bakterienarten isoliert, die in heißen Quellen leben. Eine PCR umfasst drei Schritte: Zuerst wird die chromosomale DNA erhitzt, um die beiden Stränge voneinander zu trennen (Denaturierung). Dann wird die Temperatur abgesenkt, sodass sich die Primer an die beiden DNA-Einzelstränge binden können (Hybridisierung). Schließlich wird die Temperatur wieder leicht erhöht, woraufhin die DNA-Polymerase ausgehend von den Primern zwei neue DNA-Stränge synthetisiert (Amplifizierung). Somit verdoppelt das Enzym die Menge des DNA-Abschnitts, der zwischen den Bindestellen für die beiden Primer liegt. Da die drei Schritte Denaturierung, Hybridisierung und Amplifizierung mehrmals durchgeführt werden, gilt die Methode als Kettenreaktion. Mit einer PCR kann man die DNA-Ausgangsmenge in wenigen Stunden milliardenfach vervielfältigen.

VERWANDTE THEMEN

DER GENETISCHE FINGERABDRUCK
Seite 120

GENTESTS
Seite 122

KLONEN
Seite 148

3-SEKUNDEN-BIOGRAFIEN

ARTHUR KORNBERG
1918–2007
Amerikanischer Biochemiker, der 1959 für die Entdeckung der DNA-Polymerase mit dem Nobelpreis in Medizin oder Physiologie ausgezeichnet wurde

KARY MULLIS
geb. 1944
Amerikanischer Biochemiker und Erfinder der PCR, wofür er 1983 den Chemie-Nobelpreis erhielt

30-SEKUNDEN-TEXT

Robert Brooker

Bei einer PCR wird DNA in einem Reaktionsgefäß in Temperaturzyklen denaturiert, hybridisiert und amplifiziert.

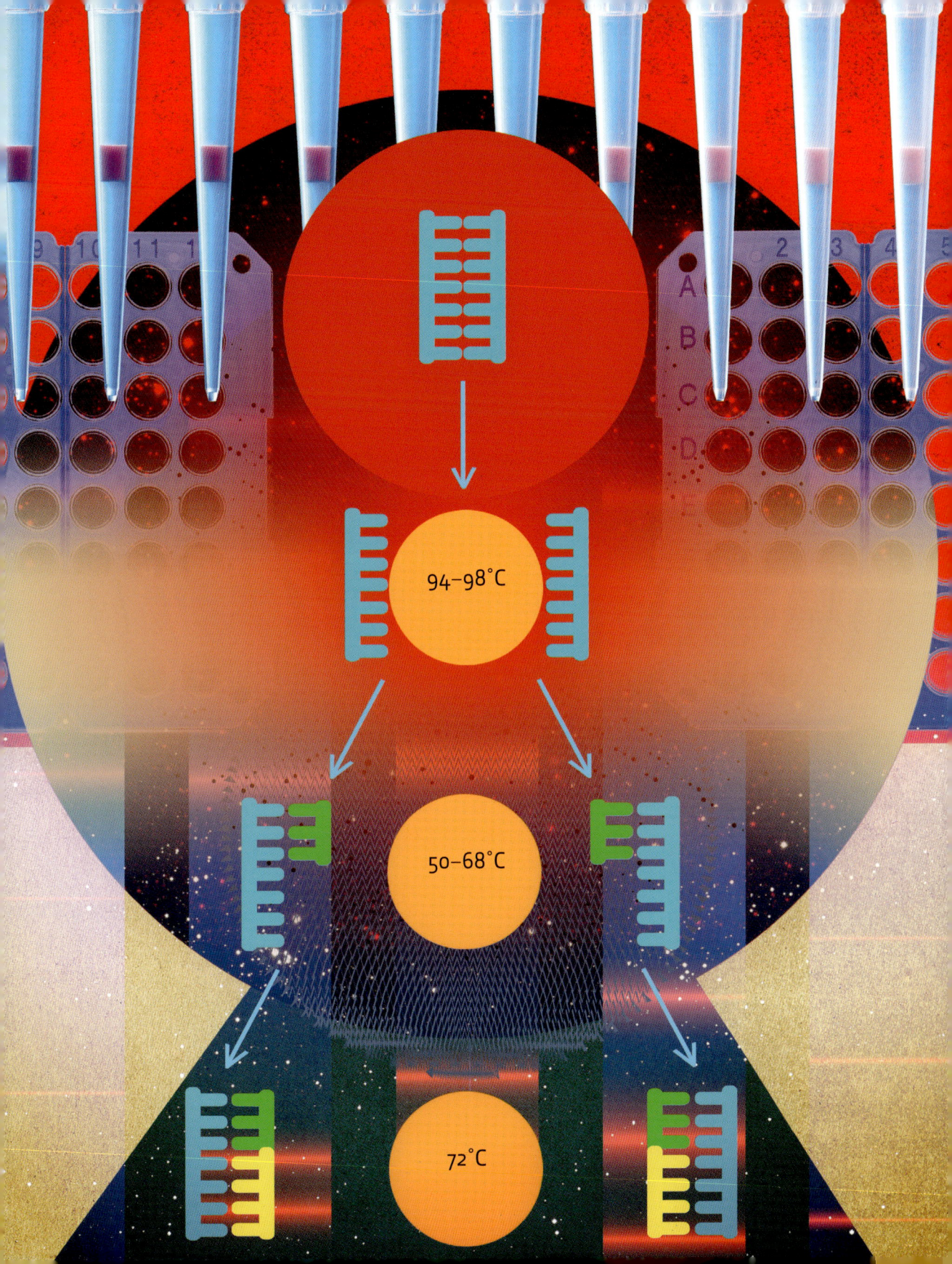

GENOMWEITE ASSOZIATIONS-STUDIEN (GWAS)

30 Sekunden Genetik

3-SEKUNDEN-KONZENTRAT
Genomweite Assoziationsstudien nutzen die enge Verbindung zwischen genetischen Markern und DNA-Variationen mit direktem Einfluss auf Körpermerkmale und Phänotypen.

3-MINUTEN-GEDANKE
GWAS prüfen Verbindungen zwischen Hunderttausenden von DNA-Markern und spezifischen Charakteristika, wie etwa eine Krankheitsanfälligkeit, Größe oder Gewicht. Oft kann eine DNA-Variation nur einen kleinen Prozentsatz einer phänotypischen Variation erklären, zum Beispiel einen Zentimeter Körpergröße oder 2,5 Prozent einer bestimmten Krankheitsanfälligkeit. In ihrer Gesamtheit haben aber die vielen kleinen Effekte einen wesentlichen Einfluss auf den Phänotyp. Solche Untersuchungen kann man an Pflanzen und Tieren durchführen.

Jedes menschliche Genom ent-
hält Tausende Sequenzvariationen, die sich in keinem anderen wiederfinden. Somit ist jedes Individuum einzigartig. In einer bestimmten Gruppe gibt es aber auch DNA-Abschnitte mit identischer Sequenz. Die meisten Sequenzunterschiede wirken sich nicht auf den Phänotyp aus, einige aber beeinflussen ein Körpermerkmal direkt. Genomweite Assoziationsstudien (GWAS) verwenden Unterschiede zwischen Individuen für die Kartierung des verantwortlichen DNA-Abschnitts. Mithilfe von DNA-Microarrays prüfen Wissenschaftler DNA-Proben auf das Vorhandensein Hunderttausender DNA-Variationen. Viele davon betreffen nur ein einzelnes Nukleotid an einer bestimmten Position, weshalb man sie Einzelnukleotid-Polymorphismen oder SNPs (kurz für englisch *single nucleotide polymorphism*) nennt. Da sie neben einem Gen liegen können, das für ein bestimmtes Merkmal verantwortlich ist, werden SNPs als DNA-Marker verwendet. Beim Vergleich zahlreicher unterschiedlich großer Individuen stellte sich beispielsweise heraus, dass an einem bestimmten SNP kleinere Personen ein A und größere ein G haben. Findet man bei der genetischen Analyse einer unbekannten Probe an diesem SNP ein G, dann ist das Individuum, von dem die Probe stammt, mit hoher Wahrscheinlichkeit großgewachsen. In GWAS wendet man dieses Prinzip auf das gesamte Genom an, um Variationen zu finden, die mit Merkmalen oder Krankheiten verbunden sind.

VERWANDTE THEMEN
GENETISCHE KARTEN
Seite 124

PERSONALISIERTE GENOMIK & MEDIZIN
Seite 140

3-SEKUNDEN-BIOGRAFIEN
DAVID BOTSTEIN
geb. 1942
Amerikanischer Biologe, der eine Methode zur Erstellung genetischer Karten vorschlug, die als wegweisend für Assoziationsstudien gilt

ERIC LANDER
geb. 1957
Amerikanischer Genetiker, der zusammen mit Botstein das Potenzial von DNA-Markern für das Studium komplexer menschlicher Merkmale und Krankheiten erkannte

30-SEKUNDEN-TEXT
Reiner Veitia

Die Sequenzunterschiede an bestimmten Positionen im Genom zwischen Artgenossen stehen in Zusammenhang mit einem bestimmten Phänotyp wie der Körpergröße.

THERAPEUTISCHER EINSATZ

Computermodellierung Computersimulation eines biologischen Systems. Wissenschaftler nutzen sie, um den Aufbau biologischer Systeme zu verstehen und zu testen, was bei ihrer Störung geschieht. Die biologische Forschung unter Verwendung computergestützter Methoden bezeichnet man als Bioinformatik.

CRISPR-Cas9 Neue Methode der präzisen Genomchirurgie. Das System wurde in Bakterien entdeckt, denen es als primitive Immunabwehr gegen von Viren eindringendes genetisches Material dient. Aus dem bakteriellen CRISPR-Cas9-System, das virale DNA erkennen und präzise ausschneiden kann, entwickelten Biotechnologen eine leistungsfähige Methode für eukaryotische Genome, mit der sich DNA-Sequenzen beliebig ausschneiden und einfügen lassen.

Expressed Sequence Tag (EST) Kurze Teilsequenz einer klonierten cDNA, die zur Identifizierung und Quantifizierung verwendet werden kann. Ein EST ist ein eher kurzes Fragment eines exprimierten Gens.

Induzierte pluripotente Stammzelle (iPS) Durch Umprogrammierung aus einer normalen Körperzelle erzeugte Stammzelle. Aus iPS lassen sich verschiedene Zelltypen herstellen.

Keimzelle Zelle, aus der Gameten für die geschlechtliche Fortpflanzung hervorgehen. Für die Produktion reifer Eizellen oder Spermien durchlaufen Keimzellen eine Meiose, gefolgt von einem zellulären Differenzierungsprozess. Gameten enthalten die genetische Information, die an die nächste Generation übertragen wird.

Lentiviraler Vektor Modifiziertes Virus, das unter anderem in der Gentherapie Verwendung findet. Ein lentiviraler Vektor ist ein gentechnisch verändertes RNA-Virus (zum Beispiel HIV), das gentechnisch so verändert wird, dass es bei der Infektion Fremdgene in Patientenzellen einschleust.

Metagenomik Untersuchung von genetischem Material aus Umweltproben. DNA-Sequenzanalysen enthüllen die verborgene Vielfalt in der Welt der Mikroorganismen. Dank der sinkenden Preise für DNA-Sequenzierungen hat die metagenomische Forschung stark expandiert.

Nukleasen Enzyme, die DNA schneiden. Endonukleasen schneiden im Inneren einer Sequenz, Exonukleasen an deren Enden. Biotechnologen haben diese natürlichen Enzyme gentechnisch so verändert, dass sie spezifische DNA-Sequenzen erkennen und somit für die Genomchirurgie benutzt werden können. Zum Beispiel verwenden Zinkfinger-Nukleasen (ZFN) eine besondere Domäne, die eine spezifische Nukleotidabfolge in einer DNA erkennt. Forscher nutzen ZFN zusammen mit TALEN- und CRISPR-Cas9-Methoden zum präzisen Editieren von DNA-Sequenzen.

Onkogenizität Die Fähigkeit, Tumore zu induzieren. Gene, die Krebs erzeugen, nennt man Onkogene. Gene, die einer Tumorbildung entgegenwirken, heißen Tumorsuppressorgene.

Oozyte Weiblicher Gamet (Eizelle), weibliche Keimzelle. Oozyten werden während der weiblichen Gametogenese im Eierstock gebildet. Für Klonierungsexperimente werden »entkernte Eizellen« verwendet. Dabei handelt es sich um Oozyten, deren Kern entfernt wurde.

Pluripotent Fähigkeit einer Stammzelle zur Hervorbringung unterschiedlicher Zelltypen. Pluripotente Zellen können alle Zelltypen erzeugen, die im Körper vorkommen. Embryonale Stammzellen gelten als pluripotent.

Somatische Zellen Körperzellen eines Organismus. Im menschlichen Körper gibt es Hunderte verschiedener Arten somatischer Zellen, aus denen sich Organe und Gewebe zusammensetzen. Somatische Zellen werden nicht an die nächste Generation weitergegeben und unterscheiden sich von Keimzellen und Gameten.

Stammzellen Undifferenzierte Zellen, die sich in spezialisierte Zelltypen ausdifferenzieren können. Embryonale Stammzellen können alle Zellen eines Embryos bilden (sie sind pluripotent), adulte Stammzellen normalerweise nur Zellen für bestimmte Gewebe.

TALEN Künstlich erzeugte Nuklease, die eine spezifische DNA-Sequenz schneidet. Der Name TALEN steht für eine Fusion der DNA-Bindedomäne des Transkriptionsfaktors TAL mit einer Endonuklease. Der vollständige Name lautet »transkriptionsaktivatorartige Effektornuklease«. Diese Enzyme können so konstruiert werden, dass sie jede gewünschte DNA-Sequenz schneiden, und sind wichtige Werkzeuge für die Genomchirurgie.

Transgener Organismus Tier oder Pflanze, die durch Einschleusung eines fremden Gens (Transgens) oder fremder DNA erzeugt wurde. Das Transgen kann die Charakteristika (Phänotyp) des Organismus verändern. Transgene Organismen werden manchmal auch als gentechnisch veränderte Organismen bezeichnet und sorg(t)en für zahlreiche heiße Debatten in der Öffentlichkeit.

Viren Kleine infektiöse Agenzien, die sich nur in lebenden Zellen vermehren können. Viren können die unterschiedlichsten Lebewesen wie Tiere, Pflanzen und auch Bakterien infizieren. Die Virenforschung nennt man Virologie. Virale Partikel, sogenannte Virionen, bestehen aus genetischem Material (DNA oder RNA) und einer Proteinkapsel, dem Kapsid. Die meisten Viren sind so klein, dass sie mit einem herkömmlichen Lichtmikroskop nicht zu sehen sind.

GENTHERAPIE
30 Sekunden Genetik

Als man herausfand, dass einige

Krankheiten durch Mutationen in einzelnen Genen verursacht werden, schlugen Genetiker zur Behandlung Gentherapien vor, bei denen man ein mutiertes Gen durch eine intakte Version ersetzt. Möglicherweise kann man sogar Gene hinzufügen, um die Eigenschaften einer Zelle gezielt zu verändern. Zur Einbringung des therapeutischen Gens in die Zielzelle werden in der Gentherapie meist Vektoren verwendet. Die effektivsten sind Lentiviren, denn sie überdauern und integrieren sich häufig in das Genom der Wirtszelle. Der Weg zu effizienten und sicheren Gentherapien weist aber auch Hindernisse auf. So ist es schwierig, das genetische Material in die Zielzellen einzubringen, ohne im Körper eine Immunantwort oder die Bildung von Tumoren hervorzurufen. Erste Erfolge feierten Gentherapien bei Erbkrankheiten der blutbildenden Organe, so schweren Immundefizienzen und Leukodystrophien, genetischen Krankheiten, die Gehirn, Rückenmark und periphere Nerven beeinträchtigen. Auch gibt es Berichte über Fortschritte bei der gentherapeutischen Behandlung von Hämophilie B und erblichen Netzhautfehlbildungen, die schließlich zu Blindheit führen. Die Gentherapie wird schon bald von technologischen Neuerungen in den Bereichen Vektordesign und -produktion profitieren. Die Fortschritte bei der Gentherapie geben Anlass zur Hoffnung, dass in Zukunft auch komplexere Krankheiten wie Krebs gentherapeutisch behandelbar sind.

3-SEKUNDEN-KONZENTRAT
Bei einer Gentherapie schleust man genetisches Material in Zellen ein, um ihnen neue Eigenschaften zu verleihen, genetische Funktionsstörungen zu korrigieren oder das Immunsystem, etwa gegen Krebs, zu stärken.

3-MINUTEN-GEDANKE
Vor kurzem entwickelten Wissenschaftler gentechnisch veränderte Nukleasen, die präzise an bestimmten Stellen im Genom schneiden können und deshalb als verheißungsvolle neue Hilfsmittel für die Genomchirurgie gelten. Mit diesen molekularen Maschinen fällt das Ausschalten von Genen oder das Einbringen eines Transgens an einem bestimmten Ort leicht. Damit ermöglichen sie die Korrektur genetischer Funktionsstörungen, indem die mutierte DNA durch die normale Sequenz ersetzt wird, während das Gen in seinem physiologischen Kontext verbleibt.

VERWANDTE THEMEN
GENE & IMMUNDEFIZIENZ
Seite 108

PERSONALISIERTE GENOMIK & MEDIZIN
Seite 140

GENOMCHIRURGIE
Seite 152

3-SEKUNDEN-BIOGRAFIE
LUIGI NALDINI
geb. 1959
Italienischer Arzt, der lentivirale Vektoren für die Verwendung in der Gentherapie entwickelte

30-SEKUNDEN-TEXT
Alain Fischer

Viren dringen in Zellen ein und integrieren ihre DNA in das Genom der Wirtszelle. Dies macht sie zu idealen Vektoren für die Gentherapie.

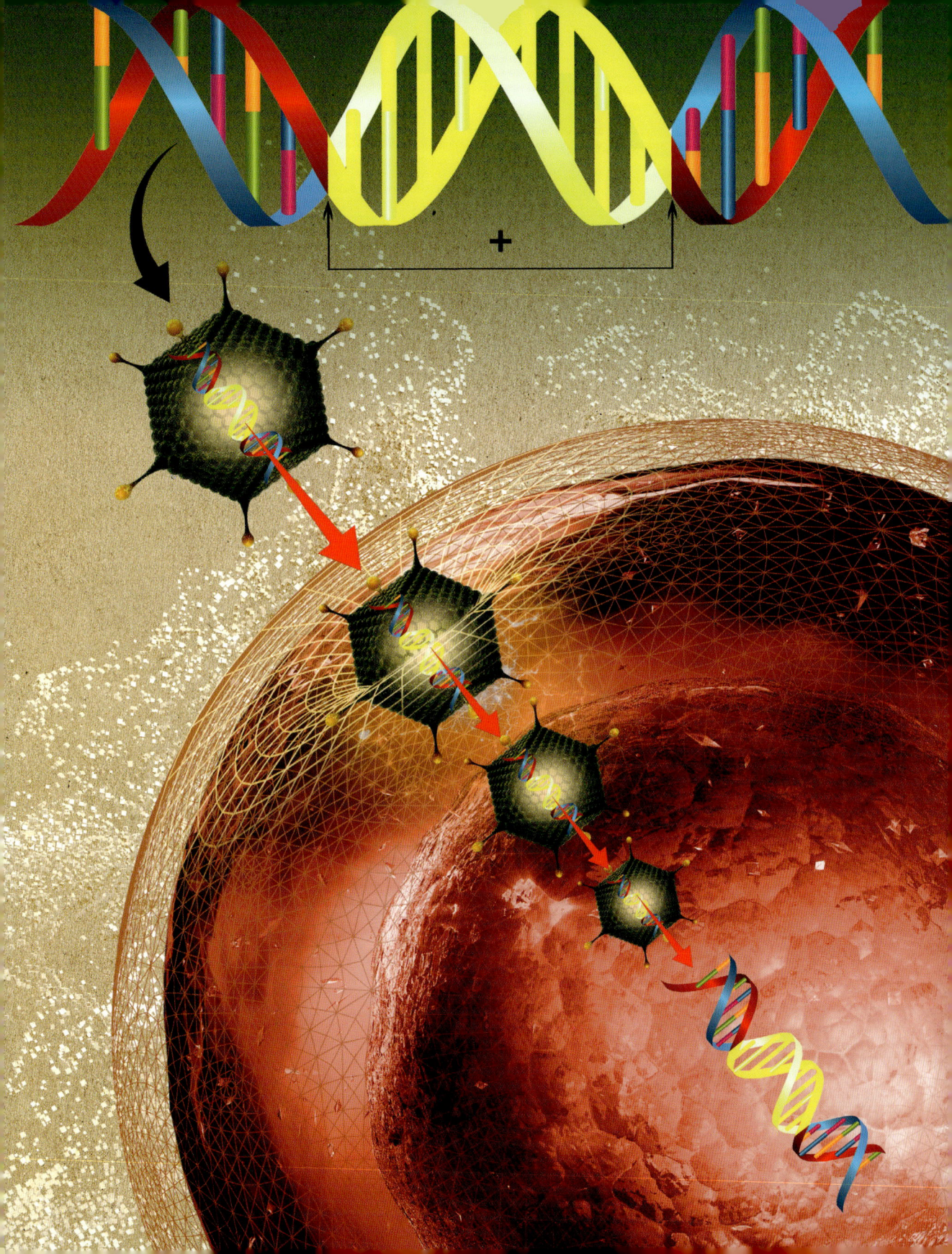

PERSONALISIERTE GENOMIK & MEDIZIN

30 Sekunden Genetik

3-SEKUNDEN-KONZENTRAT
Da man heute ein ganzes Genom zu einem akzeptablen Preis sequenzieren kann, versprechen personalisierte Genomik und Medizin bessere Behandlungsoptionen.

3-MINUTEN-GEDANKE
Dass wir jetzt unsere Genomsequenzen kennen, löst eine Ethikdebatte aus. In vielen Ländern ist die Analyse von Sequenzdaten gesetzlich streng geregelt, um jegliche Diskriminierung auf genetischer Basis auszuschließen. Die Kenntnis der eigenen Genomsequenz kann Stress und Ängste auslösen. Es existieren aber nur wenige eindeutige Fälle, in denen eine spezifische genetische Variation sich mit hoher Wahrscheinlichkeit auf die Gesundheit auswirkt. Die meisten DNA-Variationen bedeuten gar kein oder nur ein geringes Gesundheitsrisiko.

Das Humangenomprojekt hat

die Weiterentwicklung von DNA-Sequenzierungsmethoden beschleunigt. In den letzten zwei Jahrzehnten sind die Kosten für die Sequenzierung eines menschlichen Genoms von mehreren Milliarden auf gerade mal 1000 Euro gesunken. Dieser Fortschritt ermöglicht es jedem, die Sequenz des eigenen Genoms zu erfahren. Ob es uns passt oder nicht, wir leben in der Ära der personalisierten Genomik und Selbstquantifizierung. Die Genomsequenz verschafft uns Zugang zur Vergangenheit und bis zu einem gewissen Grad auch den Blick in die eigene Zukunft. Unsere DNA enthält die genetischen Variationen unserer Vorfahren und kann uns etwas über ihre Herkunft erzählen. Darunter könnten sich auch Variationen befinden, die Konsequenzen für unsere Gesundheit haben. Durch das »Lesen« des Genoms erhalten wir nicht nur Hinweise darauf, woher wir kommen, sondern auch auf Krankheitsrisiken. Letztere ist zusätzlich abhängig von Umwelteinflüssen und weiteren genetischen Variationen. Ein Anwendungsbereich der personalisierten Genomik ist die personalisierte Medizin. Bis vor kurzem verschrieben Ärzte die meisten Medikamente mit der Annahme, sie seien bei allen Patienten gleich wirksam. Aber die Analyse der individuellen Genomsequenz ermöglicht ihnen nun, besser geeignete Therapien auszuwählen und maßgeschneiderte Wirkstoffdosen festzulegen, sodass nachteilige Nebenwirkungen vermieden werden können.

VERWANDTE THEMEN
DAS HUMANGENOMPROJEKT
Seite 30

GENTESTS
Seite 122

GENETISCHE KARTEN
Seite 124

3-SEKUNDEN-BIOGRAFIEN
CRAIG VENTER
geb. 1946
Amerikanischer Biologe, der an vorderster Stelle am Wettrennen um die erste Sequenzierung eines menschlichen Genoms teilnahm

FRANCIS COLLINS
geb. 1950
Amerikanischer Genetiker und Leiter des Humangenomprojekts

30-SEKUNDEN-TEXT
Reiner Veitia

Ärzte mit Kenntnis der Genomsequenzen ihrer Patienten können zahlreiche Erkrankungen, darunter Krebsarten, gezielter behandeln.

SYNTHETISCHE BIOLOGIE

30 Sekunden Genetik

Die synthetische Biologie ist ein relativ neues Forschungsgebiet, das von Wissenschaftlern unterschiedlich definiert wird. Im Prinzip geht es dabei um die Anwendung physikalischer Methoden auf zelluläre Komponenten. Auf einen Stimulus hin sollen bestimmte Reaktionen der Zelle ausgelöst werden. Dank der Fortschritte in der Biotechnologie und bei der computergestützten Modellierung biologischer Prozesse können bestehende genetische oder biochemische Signalwege manipuliert oder künstliche Signalwege neu geschaffen werden. Diese Methoden eignen sich für Moleküle, Zellen, Gewebe und Organismen gleichermaßen. Zur synthetischen Biologie gehören zum Beispiel das Design von Enzymen, die DNA in einer bestimmten Sequenz schneiden können, oder der Austausch von DNA und Proteinen in einem lebenden Organismus durch künstliche Varianten. Bakterien, die als Reaktion auf das Vorhandensein einer bestimmten Chemikalie im Kulturmedium Licht erzeugen, oder solche, die Tumorzellen abtöten können, sind ebenfalls Produkte der synthetischen Biologie. Alldem liegt die Universalität des genetischen Codes zugrunde, die es den Wissenschaftlern erlaubt, DNA-Sequenzen zu entwickeln, die den Empfängerzellen neue Eigenschaften verleihen. Die noch junge Disziplin der synthetischen Biologie weckt berechtigte Hoffnungen, denn es ist nun möglich, lebende Organismen für viele neue Anwendungen zu erzeugen.

3-SEKUNDEN-KONZENTRAT
Basierend auf dem modernen Wissensstand zu Biochemie und Funktionen natürlicher Organismen entwerfen Wissenschaftler in der synthetischen Biologie neue biologische Komponenten und Systeme.

3-MINUTEN-GEDANKE
Auch die synthetische Biologie wirft ethische Fragen auf. Beispielsweise bestehen Bedenken, was Gesundheit und Umwelt betrifft, falls synthetisch hergestellte Moleküle oder Organismen aus dem Labor in den Umweltkreislauf gelangen. Zudem stellt sich die Frage, ob Patente auf lebende Organismen und deren Bestandteile vergeben werden sollen.

VERWANDTE THEMEN
DAS KNACKEN DES GENETISCHEN CODES
Seite 24

GENTECHNISCH VERÄNDERTE ORGANISMEN
Seite 146

3-SEKUNDEN-BIOGRAFIEN
STÉPHANE LEDUC
1853–1939
Französischer Biologe und Chemiker, der 1910 den Begriff »synthetische Biologie« prägte

GEORGE CHURCH
geb. 1954
Amerikanischer Genetiker, der in der personalisierten Genomik und der synthetischen Biologie eine wichtige Rolle spielte

---

30-SEKUNDEN-TEXT
Reiner Veitia

In der synthetischen Biologie werden künstliche Nukleinsäuren erzeugt, die den Forschern bei der Beantwortung der Frage nach dem Ursprung des Lebens helfen könnten.

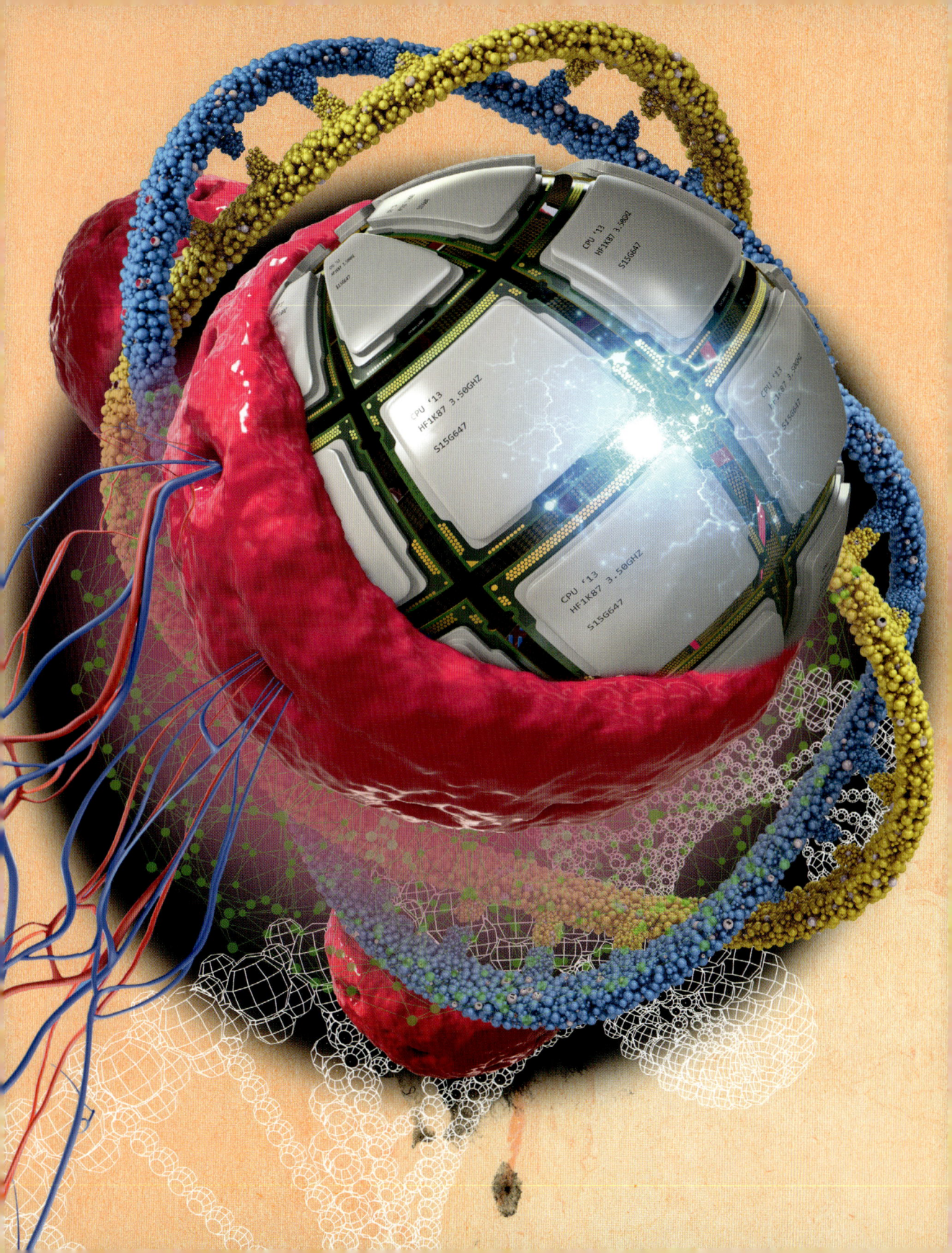

14. Oktober 1946
Geboren in Salt Lake City, Utah, USA

1972
Abschluss in Biochemie an der *University of California*, San Diego (UCSD)

1975
Promotion in Physiologie und Pharmakologie an der UCSD

1976–1984
Mitglied des Fakultätsrats der Universität Buffalo

1984–1992
Abteilungsleiter am *National Institute of Neurological Disorders and Stroke*, *National Institutes of Health* (NIH) in Bethesda, Maryland, USA

1992
Gründet das *Institute for Genomic Research*

1995
Sequenziert das erste Bakteriengenom

1998
Gründet das Unternehmen *Celera Genomics*, Inc.

26. Juni 2000
Verkündet zusammen mit Francis Collins vom NIH die Kartierung des menschlichen Genoms

2001
Publiziert die erste Version der menschlichen Genomsequenz

2002
Präsident des *J. Craig Venter Institute* und Geschäftsführer von *Human Longevity*, Inc.

2010
Stattet eine Bakterienzelle mit einem komplett synthetischen Genom aus

CRAIG VENTER

Der Genetiker John Craig

Venter ist ein Wegbereiter der DNA-Sequenzier-methoden, die beim ersten Versuch der kompletten Sequenzierung des menschlichen Genoms eine wichtige Rolle spielten. Seit mehr als zwei Jahrzehnten fordert er die Forschergemeinschaft mit seinen Zweifeln an etablierten Ansätzen und eigenen innovativen Methoden heraus. Dies brachte ihm den Spitznamen »Gene Maverick« (Gen-Eigenbrötler) ein.

Venter wurde 1946 in Salt Lake City geboren, studierte an der *University of California*, San Diego und arbeitete ab 1976 als Assistent an der *University at Buffalo*. Dort forschte er hauptsächlich zu an der zellulären Signaltransduktion beteiligten Rezeptoren. Von 1984 bis 1992 war Venter Abteilungsleiter am *National Institute of Neurological Disorders and Stroke* (NINDS), wo er neue Gen-Tagging-Methoden entwickelte.

1992 verließ er das NINDS und gründete das gemeinnützige *Institute for Genomic Research* (TIGR), dem er auch vorstand. 1998 trat Venter ins Biotech-Unternehmen *Applera Corporation* ein. Zudem wurde er Präsident und wissenschaftlicher Leiter des neu gegründeten Unternehmens *Celera Genomics*, das sich auf DNA-Sequenzierungen und die mit DNA-Sequenzen zusammenhängenden medizinischen und biologischen Informationen konzentrierte. Ein Sequenzier-Wettrennen zwischen *Celera* und dem vom NIH unter der Leitung von Francis Collins organisierten Humangenomprojekt brach aus. 2001 veröffentlichten die privaten und die öffentlichen Initiativen zeitgleich ihre ersten Versionen der menschlichen Genomsequenz.

Zu Venters weiteren wichtigen Leistungen zählt die erste vollständige Genomsequenzierung eines lebenden Organismus überhaupt – 1995 mit dem Genom von *Haemophilus influenza*. In seinen frühen Tagen am NIH entwickelte Venter neue Tagging-Methoden für exprimierte Gene, die nur einen kleinen Prozentsatz des menschlichen Genoms ausmachen. Diese Sequenzen, die sogenannten ESTs (exprimierte Sequenz-Tags), führten zur Entdeckung vieler neuer Gene und warfen die juristische Frage nach der Patentierbarkeit von Genen auf.

Zudem untersuchten Venter und seine Mitarbeiter DNA aus Umweltproben und begründeten damit das neue Feld der Metagenomik. 2010 stellte Venters Arbeitsgruppe ein synthetisches DNA-Molekül her und übertrug es in eine zuvor von der eigenen DNA befreite Bakterienzelle, wodurch die erste selbstreplizierende Bakterienzelle mit einem komplett synthetischen Genom entstand.

2007 und 2008 wurde Venter von der Zeitschrift *Time Magazine* in den Top 100 der einflussreichsten Menschen der Welt aufgeführt, 2010 vom *New Statesman Magazine* in den Top 50. Er ist Mitglied renommierter Wissenschaftsorganisationen, so der *National Academy of Sciences*, der *American Academy of Arts and Sciences* und der *American Society for Microbiology*.

Robert Brooker

GENTECHNISCH MODIFIZIERTE ORGANISMEN

30 Sekunden Genetik

Stellen wir uns eine Maus mit dem unheimlich grünen Glanz einer Qualle oder ein Bakterium vor, das menschliches Insulin produziert. Das klingt zwar nach Science-Fiction, aber die Wissenschaftler haben tatsächlich herausgefunden, wie sie Gene übertragen und solche gentechnisch veränderten Organismen (GVO) herstellen können. Mit Klonierungen und anderen gentechnischen Methoden lässt sich genetisches Material einer Art in eine andere einbringen, sodass gentechnisch veränderte Bakterien, Tiere oder Pflanzen erzeugt werden. GVO bezeichnet man auch als transgene Organismen, und die Maus mit ihrem unheimlich grünen Glanz ist ein gutes Beispiel hierfür: Genetiker klonierten das Gen für das grün fluoreszierende Protein (GFP) aus einer Qualle, schleusten es in eine Maus ein und erschufen so eine transgene GFP-Maus, die das GFP aus der Qualle exprimiert und folglich grün leuchtet. In der modernen Landwirtschaft finden wir zahlreiche rein ökonomisch betrachtet äußerst vorteilhafte Beispiele für GVO wie den Bt-Mais und die Bt-Baumwolle mit einem Transgen aus dem Bakterium *Bacillus thuringiensis*. Das Transgen kodiert ein Toxin, das Schädlinge wie den Maiswurzelbohrer gezielt tötet. Die Bt-Pflanzen produzieren das Toxin selbst und sind dadurch resistent gegen viele Arten von Raupen und Käfern.

GVO sind zwar umstritten, können aber viele Vorteile haben.

KLONEN
30 Sekunden Genetik

Klonen bedeutet, viele identische

Kopien von etwas anzufertigen. Übertragen auf die Genetik bedeutet der Begriff Genklonierung die Herstellung einer molekularen Kopie eines Gens. Gene können mithilfe einer Polymerasekettenreaktion (PCR) kloniert werden (siehe Seite 130), bei der das Kopieren durch das Enzym DNA-Polymerase übernommen wird. Alternativ kann man ein Gen auch in ein Plasmid (ein zirkuläres DNA-Molekül, das unabhängig von der chromosomalen DNA repliziert wird) einfügen und das Plasmid dann in eine Wirtszelle transformieren, zum Beispiel ein Bakterium oder eine Hefezelle. Wenn die Wirtszelle sich vermehrt, werden auch viele Kopien des geklonten Gens hergestellt. Es können aber auch ganze Zellen oder sogar ganze Organismen geklont werden. Eineiige Zwillinge sind Klone, die sich aus dem gleichen befruchteten Ei entwickeln. Dieses Klonen geschieht zufällig, wenn ein befruchtetes Ei sich in zwei Zellen teilt, die sich dann voneinander trennen und sich zu genetisch beinahe identischen Individuen weiterentwickeln. Forscher entwickelten auch Methoden für das Klonen ganzer Säugetiere. Zum Beispiel kann man den Zellkern einer Oozyte entfernen und diese entkernte Oozyte dann mit einer Zelle des Individuums fusionieren, das geklont werden soll. Diese Technik nennt man reproduktives Klonen. Das erste so geklonte Säugetier war ein Schaf mit dem Namen Dolly.

Seit Dolly wurden auch andere Säugetiere geklont, darunter Schweine, Pferde und Rehe.

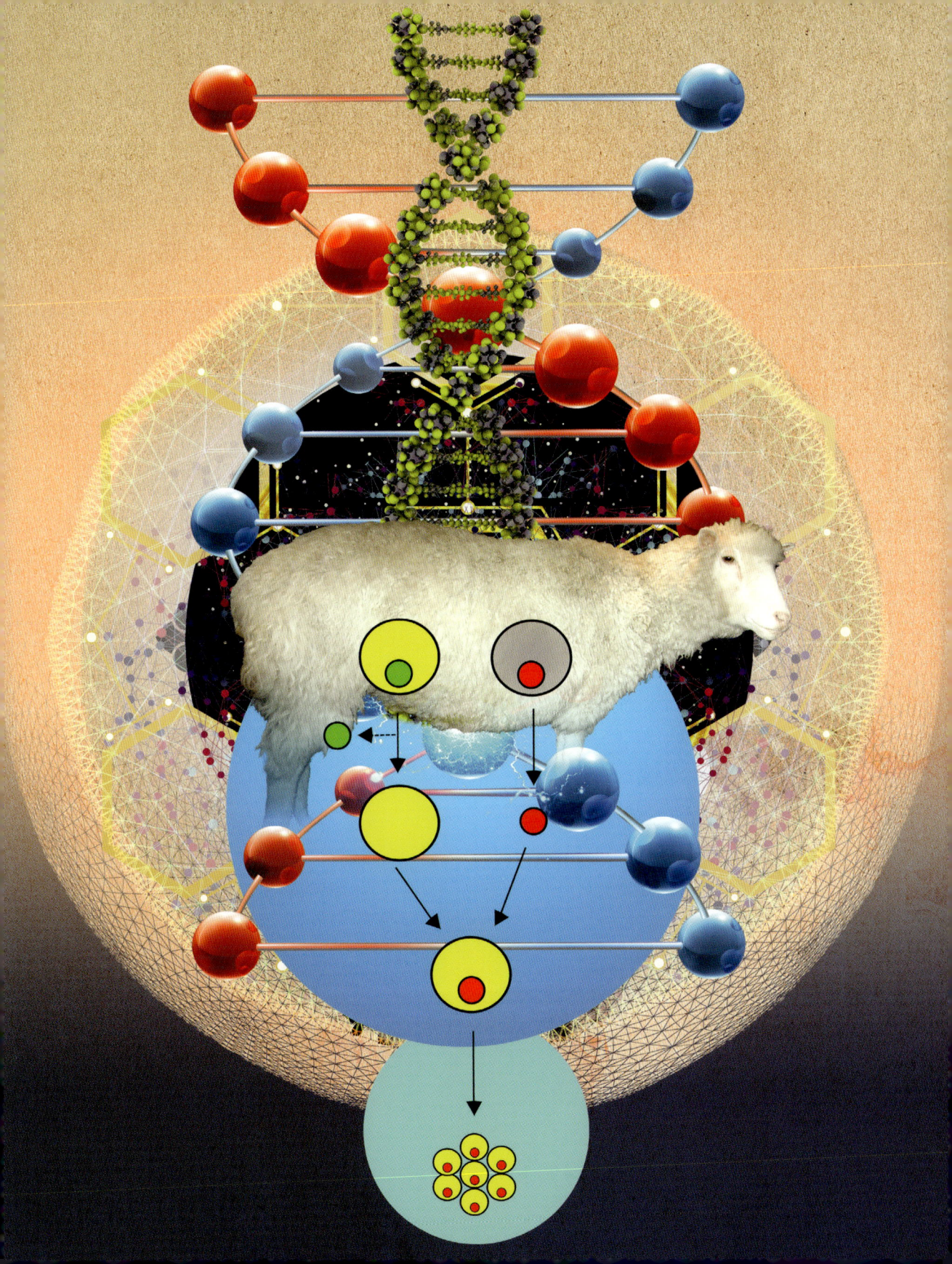

STAMM-ZELLEN & UM-PROGRAMMIERUNG

30 Sekunden Genetik

Alle Organismen besitzen spezialisierte Stammzellen, die viele verschiedene Zelltypen bilden können. Stammzellen erneuern Organe, wenn alte oder beschädigte Zellen ersetzt werden, wie bei den Darmzellen der Fall, die ersetzt werden. Aber können sich Körperzellen in einen anderen Zelltyp verwandeln oder sind sie immer nur für einen Zelltyp programmiert? Zu ihrer Verblüffung entdeckten Forscher, dass fast alle Körperzellen die außergewöhnliche Eigenschaft besitzen, umprogrammiert werden zu können. Experimente in den 1950er- und 60er-Jahren zeigten, dass der Kern einer somatischen Zelle durch Übertragung in eine entkernte, unbefruchtete Eizelle umprogrammiert werden kann. Tatsächlich können sich diese »geklonten« Eizellen sogar zu Embryonen oder gar zu einem erwachsenen Tier entwickeln. 2006 wurden die speziellen Voraussetzungen für die Umprogrammierung von Zellen entdeckt. Wissenschaftler identifizierten einen Cocktail aus nur vier Proteinen, der in eine Zelle eingebracht »induzierte pluripotente Stammzellen« (iPS) erzeugen kann. Diese Stammzellen besitzen ein riesiges Potenzial, da sie in Kultur zu vielen verschiedenen Zell- und Gewebearten ausdifferenziert werden können. In modernen Laboratorien werden iPS-Zellen für die Erforschung von Entwicklungsprozessen und menschlichen Krankheiten sowie zur Herstellung von Zellen und Organen für die regenerative Medizin und Gewebetherapie verwendet.

VERWANDTE THEMEN
ENTWICKLUNGSGENETIK
Seite 100

KLONEN
Seite 148

3-SEKUNDEN-BIOGRAFIEN
JOHN GURDON
geb. 1933
Britischer Entwicklungsbiologe, der zeigen konnte, dass die Kerne von differenzierten Darmzellen die verschiedensten Zelltypen induzieren können, wenn sie in entkernte Eizellen eingebracht werden

SHINYA YAMANAKA
geb. 1962
Japanischer Stammzellforscher und Nobelpreisträger, der die ersten »induzierten pluripotenten Stammzellen« (iPS) erzeugen konnte, indem er vier Umprogrammierungsfaktoren in Mausfibroblasten einbrachte

30-SEKUNDEN-TEXT
Edith Heard

Die Stammzellforschung verspricht neue Behandlungsformen von Krankheiten und schweren Verletzungen.

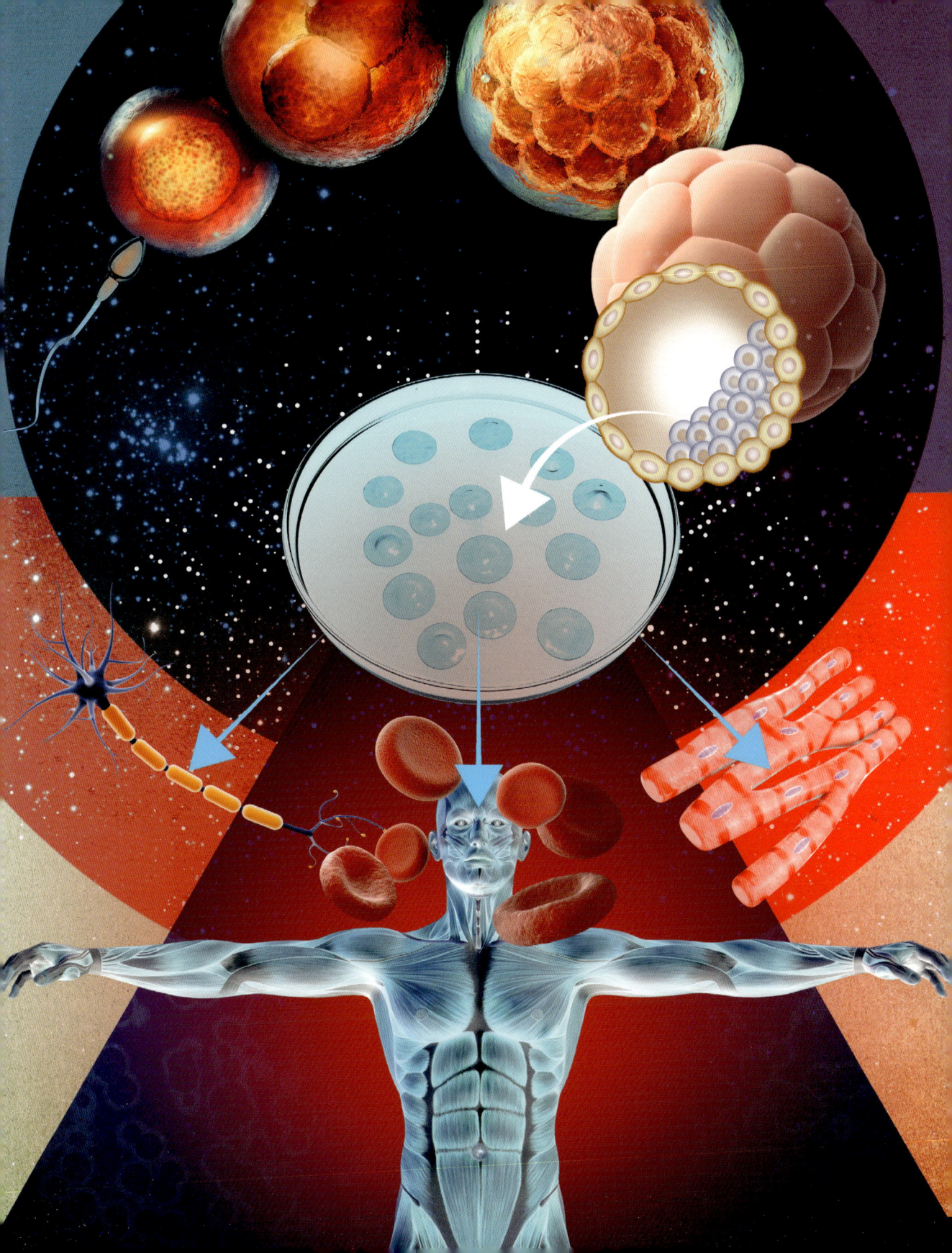

GENOMCHIRURGIE
30 Sekunden Genetik

Die Verwendung gentechnisch

entwickelter Enzyme für die Genomeditierung ist ein vielversprechender Ansatz für genetische Untersuchungen und die Behandlung von Erbkrankheiten. Bei der Genomchirurgie wird DNA zielgenau mit molekularen Werkzeugen modifiziert. Letztere sind gentechnisch entwickelte Enzyme (künstliche Nukleasen), die DNA sequenzspezifisch schneiden können. Dazu gehören Zinkfinger-Nukleasen (ZFN) oder transkriptionsaktivatorartige Effektornukleasen (TALEN). Diese Nukleasen sind Chimären aus einer sequenzunabhängig schneidenden Nuklease und einem sequenzspezifisch an DNA bindenden Protein. Eine Alternative ist das CRISPR-Cas9-System, bei dem eine Nuklease von einer RNA an eine DNA-Sequenz geleitet wird, die er schneidet. Gemein ist diesen Ansätzen die Herbeiführung eines DNA-Doppelstrangbruchs an einer exakten Position im Genom. Der Strangbruch ist das Signal für zelleigene DNA-Reparaturenzyme, die Sequenzabschnitte nahe der Bruchstelle herauszuschneiden oder zu ersetzen. Dank der Möglichkeit, die DNA-Sequenz einer einzelnen Zelle oder eines ganzen Organismus gezielt zu modifizieren, kann man den möglichen Einfluss einer beliebigen genotypischen Veränderung auf den Phänotyp untersuchen. Die künstlichen Nukleasen sind auch in der Gentherapie von Erbkrankheiten einsetzbar, bei der das defekte Gen positionsgerecht durch ein normales Allel ersetzt und die genetische Mutation so korrigiert wird.

3-SEKUNDEN-KONZENTRAT
Mit der Genomchirurgie lassen sich DNA Abschnitte gezielt verändern, indem Modifikationsenzyme positionsgenau an eine spezifische Stelle innerhalb einer DNA-Sequenz geleitet werden

3-MINUTEN-GEDANKE
Heutzutage können Forscher DNA-Sequenzen mit noch nie dagewesener Präzision manipulieren. Künstliche Nukleasen, die an spezifische DNA-Sequenzen im Genom geleitet werden, dienen als »molekulare Scheren«, um positionsgenaue Schnitte zu setzen. Die so herbeigeführten Doppelstrangbrüche erlauben die Insertion oder Deletion von DNA-Sequenzen, um Gene zu aktivieren oder zu deaktivieren. Alternativ lässt sich ein endogenes Gen durch Einfügen einer neuen DNA-Sequenz positionsgerecht ersetzen

---

VERWANDTE THEMEN
GENTHERAPIE
Seite 138

SYNTHETISCHE BIOLOGIE
Seite 142

3-SEKUNDEN-BIOGRAFIEN
EMMANUELLE CHARPENTIER
& JENNIFER DOUDNA
geb. 1968 bzw. 1964
Französische Mikrobiologin und amerikanische Chemikerin, die das CRISPR-System so modifizierten, dass das Cas9-Enzym von einer künstlichen guide-RNA positionsgenau an die DNA geleitet werden kann

FENG ZHANG
geb. 1982
Biomediziner chinesischer Herkunft, der 2013 als Erster das CRISPR-Cas9-System für die Genomchirurgie in eukaryotischen Zellen verwendete

30-SEKUNDEN-TEXT
Matthew Weitzman

Die Verwendung gentechnisch entwickelter Enzyme könnte als faszinierender neuer Ansatz zu bedeutenden medizinischen Fortschritten führen.

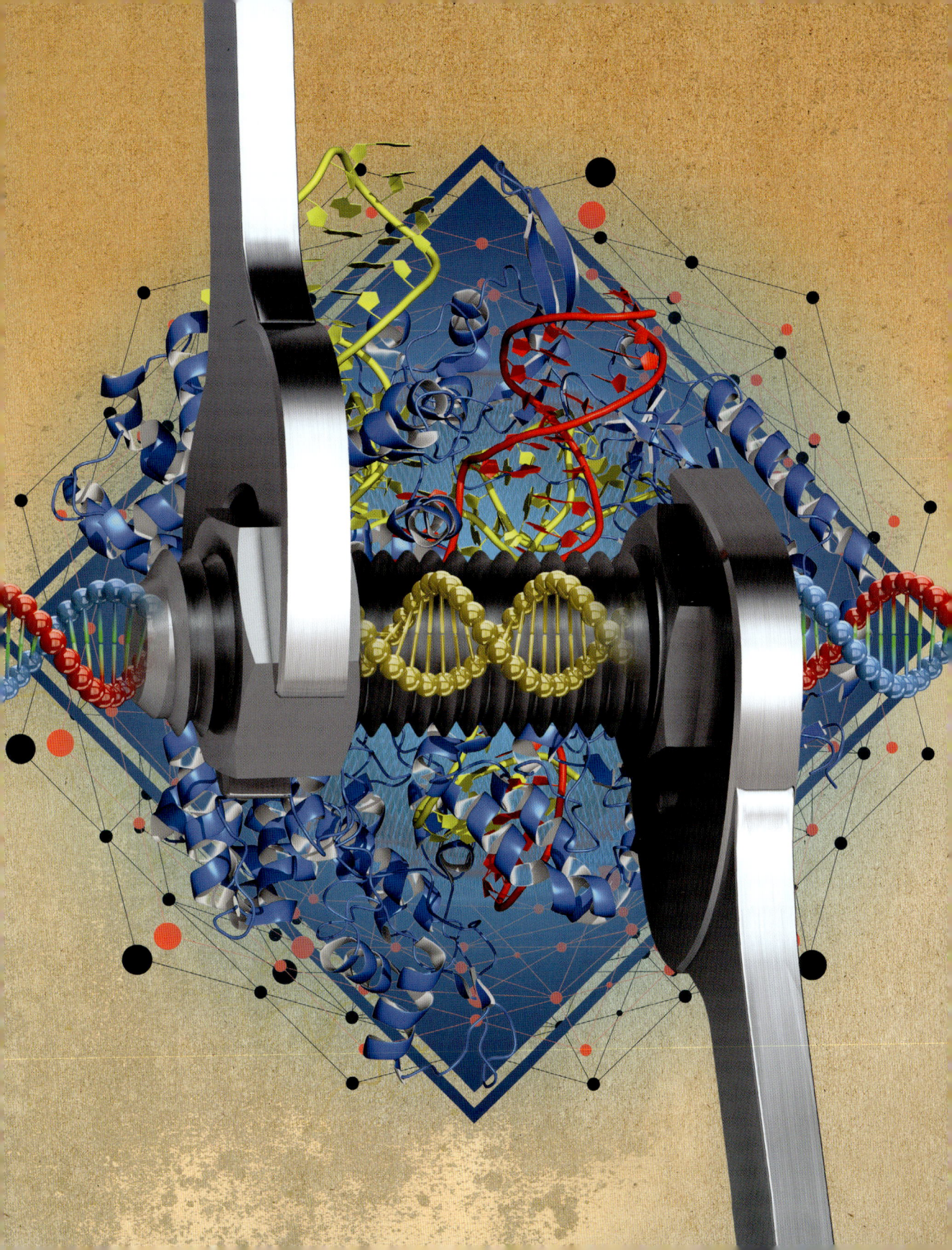

ZU DEN AUTOREN

HERAUSGEBER

Jonathan B. Weitzman ist Professor für Genetik an der Universität Paris VII und Gründungsdirektor des Zentrums für Epigenetik und Zellschicksal. Er unterrichtet Schüler und Studenten aller Altersstufen in Genetik, Epigenetik und Stammzellbiologie und ist Leiter des Programms »Europäischer Master in Genetik«. In seiner Forschung befasst er sich mit Genregulationsnetzwerken und epigenetischen Einflüssen bei der Entstehung von Krankheiten.

Matthew D. Weitzman ist Professor an der *Perelman School of Medicine* der Universität von Pennsylvania und leitet ein Labor am Kinderkrankenhaus von Philadelphia. Matthew studierte Virologie und Molekularbiologie und forscht im Schnittbereich zwischen viralen Infektionsmechanismen und der Aufrechterhaltung der Genomintegrität. Er hält Vorträge auf der ganzen Welt und hat zahlreiche Konferenzen in den Bereichen Virologie, Genomintegrität und Gentherapie organisiert.

Jonathan and Matthew Weitzman sind eineiige Zwillinge.

VORWORT

Rodney Rothstein ist Professor für Genetik und Entwicklungsbiologie sowie für Systembiologie am *Medical Center* der New Yorker *Columbia University*. Er forscht zu Reparaturmechanismen von DNA-Doppelstrangbrüchen und entwickelt Methoden für die Genomchirurgie. 2009 verlieh ihm die Amerikanische Gesellschaft für Genetik den Novitski-Preis, außerdem ist er Träger der Ehrendoktorwürde in Medizin der Universität Umeå und Mitglied der *American Academy of Arts and Sciences* und der *National Academy of Sciences*.

AUTOREN

Thomas Bourgeron ist Professor an der Universität Paris VII. Er leitet eine Forschergruppe am *Institut Pasteur*, die sich aus Psychiatern, Neurobiologen und Genetikern zusammensetzt und sich mit der Biologie des sozialen Gehirns befasst. Zu seinen wichtigsten Entdeckungen gehört die Identifizierung eines synaptischen Signalwegs, der mit Autismus verbunden ist.

Robert J. Brooker promovierte in Genetik an der *Yale University*. Später arbeitete er an der *Harvard University* zum Enzym Laktatpermease, das von dem lacY-Gen des Lac-Operons kodiert wird. Als Professor am Institut für Genetik, Zellbiologie und Entwicklungsbiologie der *University of Minnesota* forscht er weiterhin zu Transportenzymen. Brooker ist Autor mehrerer Lehrbücher für Studenten.

Virginie Courtier-Orgogozo ist Biologin und forscht am *Institut Jacques Monod* in Paris. Ihre Arbeitsgruppe arbeitet im Bereich Humane Evolutionsbiologie und befasst sich mit Mutationen, die für Unterschiede zwischen den Arten verantwortlich sind. Für ihre Forschung wurde Courtier-Orgogozo vom CNRS mit der Bronzemedaille ausgezeichnet und 2014 zur »Nachwuchswissenschaftlerin des Jahres« gewählt.

Alain Fischer ist Professor am *Collège de France* in Paris und Gründungsdirektor des *Imagine Institute*. Zu seinen Fachgebieten gehören Genetik und Immunologie, insbesondere primäre Immundefekte und Gentherapie.

Edith Heard ist Genetikerin und arbeitet auf dem Gebiet X-Inaktivierung. Zu ihren Forschungsinteressen gehören die Organisation des Zellkerns, die Struktur von Chromosomen und Epigenetik. Heard ist Direktorin der Abteilung Genetik und Entwicklungsbiologie am Pariser *Institut Curie* und Professorin für Epigenetik und Zellgedächtnis am *Collège de France*. Zudem ist sie Mitglied der britischen *Royal Society*.

Mark F. Sanders ist langjähriges Mitglied der molekular- und zellbiologischen Fakultät der *University of California* in Davis, wo er hauptsächlich im Bereich Genetik lehrt. Auch an den Universitäten Cambridge und Wien lehrte er bereits als Dozent für Genetik. Neben seiner Dozententätigkeit ist Sanders auch als Lehrbuchautor aktiv.

Reiner A. Veitia ist Professor für Genetik an der Universität Paris VII. Er forscht hauptsächlich zur Genetik der weiblichen Unfruchtbarkeit und an Eierstockkrebs. Zudem hat er sich mit den molekularen und theoretischen Grundlagen der genetischen Dominanz beschäftigt. Veitia ist Mitglied der Nichtregierungsorganisation *Academia Europeae* und aktuell Hauptredakteur der Fachzeitschrift *Clinical Genetics*.

QUELLEN

BÜCHER

A Life Decoded: My Genome: My Life.
J. Craig Venter
(Penguin Books, 2008)

Der Mönch im Garten
Robin Marantz Henig
(Argon Verlag, 2002)

Zufall und Notwendigkeit. Philosophische Fragen der modernen Biologie
Jacques Monod
(dtv, 1996)

Creation: The Origin of Life / The Future of Life
Adam Rutherford
(Penguin Books, 2014)

Epigenetics: How Environment Shapes Our Genes
Richard C. Francis
(W. W. Norton & Company, 2012)

Francis Crick: Discoverer of the Genetic Code
Matt Ridley
(Harper Press, 2006)

Genetics: Analysis and Principles
Robert R. Brooker
(McGraw-Hill Education; 6. Aufl., 2016)

Genetic Analysis: An Integrated Approach
Mark F. Sanders und John L. Bowman
(Pearson; 2. Aufl., 2015)

Here Is a Human Being: At the Dawn of Personal Genomics
Misha Angrist
(Harper Perennial, 2011)

Nature via Nurture: Genes, Experience and What Makes Us Human
Matt Ridley
(Harper Perennial; Neuausgabe, 2004)

Die Entstehung der Arten
Charles Darwin
(Nikol, 2008)

Redesigning Humans: Choosing Our Genes, Changing Our Future
Gregory Stock
(Houghton Mifflin, 2003)

Rosalind Franklin: Die Entdeckung der DNA oder der Kampf einer Frau um wissenschaftliche Anerkennung
Brenda Maddox
(Campus Verlag, 2003)

Die Doppelhelix: Ein persönlicher Bericht über die Entdeckung der DNS-Struktur
James Watson
(Rowohlt, 2011)

Der achte Tag der Schöpfung. Sternstunden der neuen Biologie
Horace Freeland Judson
(Meyster, 1984)

The Epigenetics Revolution
Nessa Carey
(Icon Books, 2012)

Das Gen: Eine sehr persönliche Geschichte
Siddhartha Mukherjee
(S. Fischer, 2017)

Meine Gene – mein Leben: Auf dem Weg zur personalisierten Medizin
Francis S. Collins
(Spektrum Akademischer Verlag, 2011)

The Panda's Thumb: More Reflections in Natural History
Stephen Jay Gould
(W. W. Norton & Company, 1980)

Das egoistische Gen
Richard Dawkins
(Springer Spektrum, 2014)

Die Dreifachhelix: Gen, Organismus und Umwelt
Richard Lewontin
(Springer, 2012)

WEBSITES

www.geneed.nlm.nih.gov
Kostenfreie Website für Studenten, Lehrer und Interessierte mit aktuellen Informationen aus den Bereichen Genetik und Biotechnologie.

www.dnaftb.org
Einführung in die moderne Genetik, veranschaulicht anhand von 75 Experimenten, inklusive Animationen, Interviews etc.

www.learn.genetics.utah.edu
Kostenfreie und nützliche Hilfsquelle für jedermann mit vielen Erklärungen und Hintergrundinformationen aus der Welt der Genetik.

www.genome.gov
Website des *National Human Genome Research Institute*, das am Humangenomprojekt beteiligt war.

www.ensembl.org/index.html
Browser für Wirbeltiergenome für vergleichende Genomstudien und webbasierte Hilfsmittel zum Studium der Genomevolution, -variation und -regulation.

www.ncbi.nlm.nih.gov/omim
Online Mendelian Inheritance in Man, ein Online-Katalog menschlicher Gene und genetisch bedingter Krankheiten.

INDEX

DANKSAGUNG

Jonathan und Matthew Weitzman widmen dieses Buch Claire-Cipora und Sharon.

BILDNACHWEIS

Der Verlag möchte den nachstehenden Personen und Organisationen für deren freundliche Genehmigung zur Verwendung der Abbildungen in diesem Buch danken. Bei der Zuschreibung der Bilder wurde mit größter Sorgfalt vorgegangen; für eventuelle unbeabsichtigte Auslassungen bitten wir um Entschuldigung.

Alamy/evan Hurd: 144.

Getty/Bettmann / Contributor: 44, 66; Universal History Archive / Contributor: 26.

Science Photo Library/AMERICAN PHILOSOPHICAL SOCIETY: 90; HENNING DALHOFF: 39; GUNILLA ELAM: 87C; MARTIN KRZYWINSKI: Cover; US NATIONAL LIBRARY OF MEDICINE: 128.

Shutterstock/3drenderings: 103; 895Studio: 63T(BG); AbstractUniverse: 85BL, 85B; Aedka Studio: 81CL; Ahturner: 123CL; Alexilusmedical: 101B, 113B, 151CR; Alila Medical Media: 31C(BG); Anteromite: 2C, 121C; Aperture75: 79TC(BG); art_of_sun: 71C; Artos: 141T; Astronoman: 11C, 153C; ber1a: 71BG; Pedro Bernardo: 119BL; Bildagentur Zoonar GmbH: 71BL; BlueRingMedia: 23C; Evgenii Bobrov: 43T; gualtiero boffi: 103C; Olga Bogatyrenko: 57BC; Yevgeniya Bondarenko: 57TR; BortN66: 71BL(BG); Amanda Carden: 71TL(BG), 79TC; Catalinr: 127BG; Pavel Chagochkin: 99L&R, 111TC; Efstathios Chatzistathis: 147BR; Cherezoff: 143B(BG); Chromatos: 29T(BG); Cico: 11C, 153C; Crevis: 41BC; crystal light: 99C; Linn Currie: 85C; Dabarti CGI: 139BR; Damix: 79L; decade3d - anatomy online: 105TL; design36: 151B; Designua: 29C, 51BG, 91BL, 91B; Jeanette Dietl: 93BL; DVARG: 71BL; Dzxy: Cover; Ellepigrafica: 49, 61T; Everett Historical: 19T; extender_01: 109C; Ezume Images: 93B; Flukestockr: 131CL&CR; Fusebulb: 113T; Filip Fuxa: 91T; Markus Gann: 103CL; Gen Epic Solutions: 2C, 121C, 149T; Ruslan Grumble: 143L; harmpeti: 123R; Robert Adrian Hillman: 125T(BG); Jari Hindstroem: 81CR; HoleInTheBox: 79TR; Ibreakstock: 61B; Jezper: 49B(BG); Joloei: 79R; Kasezo: 73BR; Sebastian Kaulitzki: 105TL, 109TR, 111TL, 111TR, 151TR; Melissa King: 93BR; Kateryna Kon: 42C, 49C, 56, 98, 109TL, 113C, 151C; Artem Kovalenco: 133C; KonstantinChristian: 123TL; kontur-vid: 147C; koya979: 47C, 93T; KRAHOVNET: 43BG; Le Do: 59T; Lecter: 127C; Leone_V: 29C; Lightspring: 147C; Login: 73L; Lukiyanova Natalia frenta: 85T, 93C; M-vector: 141B&T; Magic mine: 103T; MaluStudio: 17CL&CR; Martan: 151L; Maslenok: 141C; Master3D: 73C; Maxcreatnz: 41C(BG); Maxx-Studio: 143C; Jane McIlroy: 17; Meletios: 61C, 105CL; Mirexon: 143BG; Mix3r: 141C; molekuul_be: 21TR, 21TL, 21BL, 21BR, 57B, 87C, 91CR; Monika7: 17BG, 29B(BG); Monkey Business Images: 63C; Mopic: 37C, 42C, 56, 98, 101C; Darlene

Munro: 69B; Naeblys: 51C, 73T; Romanova Natali: 111B; Natykach Nataliia: 149C(BG); Anton Nalivayko: 41C; Nicemonkey: 2BG, 121BG; Nobeastsofierce: 139, 151TL, 151TCL, 151TCR; Ostill: 71TL; Parinya: 73L; Heiti Paves: 119TR; Petarg: 11C(BG), 153C(BG); Phonlamai Photo: 99; Pixel 4 Images: 57T(BG); Pixelparticle: 39(BG); Plan-B: 61T(BG), 139T; Pockygallery: 81BG; Raimundo79: 83T, 127BR, 127BL, 127BCR, 127BCL; Rawpixel.com: 133C; Rost9: 151BC; royaltystockphoto.com: 111TC(BG); sam100: 2C(BG), 121C(BG); science photo: 131T; sciencepics: 87B, 73TC, 151R; CHORNYI SERHII: 133BG; Tatiana Shepeleva: 71BR; David Smart: 141B(BG); Smith1972: 69T; Snapgalleria: 141CT(BG); somersault1824: 37C, 49C(BG), 71TR; Mari Swanepoel: 103BL; Syda Productions: 123BL; T-flex: 131BG; Timquo: 99L; Toeytoey: 109B; Urfin: 73Cr, 143C; VAlex: 139BG; Merkushev Vasiliy: 143L; Vector Tradition: 31C; Vikpit: 127C(BG), 141BG, 149C(BG); Vitstudio: 31C; VLADGRIN: 31C(BG), 71C; Vshivkova: 37TL; Wacomka: 151BC; WhiteDragon: 131C; Wstockstudio: 79BR; Kira_Yan: 17(BG); Yaruna: 29B; Oleksandr Yuhlchek: 125CT&CB; Oleksandr Zamuruiev: 57TL.

Smithsonian Institution Archives/ Acc. 90–105 - Science Service, Records, 1920s–1970s, Smithsonian Institution Archives: 59C(BG).

U. S. National Library of Medicine: 81TL, 125L&R; Alan Mason Chesney Medical Archives. Victor Almon McKusick Collection: 105BL.

Wellcome Library, London/21BR(BG), 23, 63BG, 105CR.

Wikimedia Commons/ Sandra Beleza et al.: 63B(BG); Belkorin, Wikibob, Quelle: Zeichner: Schorschski / Dr. Jürgen Groth: 149B; Christoph Bock (Max Planck Institute for Informatics): 83C; Dietzel65: 37BG; Filip em: 81TL; Don Hamerman – Institute for Genomic Biology, University of Illinois at Urbana-Champaign: 91; Darryl Leja, National Human Genome Research Institute: 63B; Myriam Létourneau: 63T; Madprime: 25TR, 65TR; Miguel Andrade: 65C; Musée d'histoire naturelle de Lille: 69L; National Human Genome Research Institute: 23CL; Padawane: 69R; Guillaume Paumier: 65CL&BR; RaihaT: 57B; Doc. RNDr. Josef Reischig, CSc.: 123TR; C. Rottensteiner – TiGen: 41T; Dr. Sahay: 147BL; Katja Schulz from Washington, D. C., USA: 119TL; Jawahar Swaminathan und Mitarbeiter des MSD am European Bioinformatics Institute: 147BC; TimVickers: 149C.